绿茶功夫

创意绿茶生活

主编	王建荣 徐结根
编著	朱慧颖 冯艳芬

中国的茶文化源远流长。绿茶是我国最早的茶类，也是迄今人们饮用最为广泛的茶类。其历史悠久、品类繁多，在我国产地分布尤为广泛。

现代生活离不开绿茶，它已成为人们生活中不可或缺的伙伴，无时无刻不存在于你的身边。但对于它，你真地了解吗？

品饮绿茶，看似简单，实则很讲究功夫。不同地区的绿茶，不仅有不同的外形和品质，也有着不同的制作工艺、冲泡方式和功用。掌握科学的冲泡技艺、方法，选择相配的茶器、茶具，充分发挥绿茶的特性，运用绿茶功夫创造健康、轻松、快乐的休闲生活，享受绿茶带来的清新惬意，就从这里开始吧⋯⋯

我从事茶行业工作已有十余年，这期间发生和经历了很多事情，有快乐、苦闷、辛酸、寂寞，但更多的是充实、忙碌和为茶事业的发展尽一己之力的喜悦。

我自小随父在家乡林场种茶、制茶、卖茶，主要是绿茶。父亲是一个农民，他制茶纯属自学、摸索。给我印象较深刻的是制茶过程中的揉捻、炭焙和焙火。为了把炭焙的工序做好，父亲会特地请当地匠人定做专门的焙茶器具（父亲自己设计的），还有装炭的器具。焙茶的炭，质量都很讲究。最关键是在翻转茶的时候，要把炭火与装茶的器具分开，不然茶渣掉到炭火里就会形成焦味传到茶中，影响茶的品质。洗净锅后把锅加热，一次性放入一斤左右经过炭焙的茶，再经过半小时左右的焙火。焙的过程中要用手不停地进行旋转式的运作，在这运作过程中，会有很多茶的茸毛和碎末在手上黏附着，整个手看起来有些毛茸茸的，很是有趣。这样的旋转可以让每片茶得到均匀焙制。经过焙火后，茶还剩六到七两左右，就算大功告成了。那时，很多邻里乡亲都会不约而同聚在我家里，大家在灶边等着喝一壶好茶的心情可谓是急不可待。父亲会耐心地告诉大家要等到自然退火后，才能冲泡，否则喝起来会有一股焦香味。

很巧合的是，走上社会后，有幸碰上谢开强先生，让我再次与茶结缘。企业发展初期做茶器具及普洱茶，主营设计、批发业务。2003年开始经营铁观音、武夷岩茶、茶食品等，并开设零售连锁业务。功夫茶器的推广主要是以福建、广东潮汕功夫茶，还有台湾乌龙茶的器具为主流，且不断在此基础上做些创新和提升。中国一直以来是绿茶的生产和饮用大国，大家平时以喝绿茶为主，近十年的绿茶销量更是占据茶叶总销量的榜首，每年的占比都在70%左右，中国十大名茶中绿茶也最多。而从品茶、论茶、茶生活、茶文化、茶道精神等来看，功夫茶已深入到我们的生活中。

一个玻璃杯泡一杯绿茶，赏、品、玩是绿功夫开发的核心理念，经过我们团队的反复论证、研讨后，总结出以下几点：首先，核心泡法是要茶水分离；其次，绿功夫的冲泡要赏，突出赏茶的功能特点；三是可更耐泡，可多冲两到三泡；四是不饮用时不让水长时间浸泡茶叶，不让茶水变淡，以致品饮无味；从私享变分享、共享，三五知己一泡茶，谈古论今，岂不快哉？

在和中国茶叶流通协会王庆会长提到绿功夫的创意时，他表示，现今中国绿茶产业供大于求，而绿功夫来得恰到好处 ——"我想睡觉，你给我送了一个枕头"。他的话让我难以忘怀，也让我感觉到了自己肩上担子的沉重。

在本书的编写过程中，得到了中国国际茶文化协会名誉主席王家扬先生、中国茶叶博物馆馆长王建荣先生、南方茶叶商会会长陈国昌先生、京闽茶城董事长万金朝先生、山东雪青茶业有限公司董事长王维胜先生、四川竹叶青董事长唐先洪先生、安徽谢裕大谢一平先生、湖南怡清源张流梅女士，台湾陈金池先生、蔡庭辉先生、张铭显先生等的大力支持，还有我的团队徐结坤、彭贤军、徐结明、曹祥庆、徐进才、王润良、刘云生、罗瑞鸿、王君涛、李鹏、柯燕，特别是冯艳芬女士为本书的文字编写做了大量的工作，吴尚伟先生、石泽润先生、刘文德先生以及我的太太李朝玉，都对本书的出版发行给予了大力的支持，在此一并致谢！

最后，要特别感谢清华大学美术学院李泓教授，为我们绿功夫茶器具的研发工作提出了很多宝贵意见，还有中国工业设计协会黄武秀秘书长、广州美术学院童慧明院长、上海复旦大学视觉艺术学院李游宇院长、浙江大学童启庆教授以及香港茶道协会叶荣枝会长对于本书的出版和绿功夫器具的开发都给予了大力支持。在2009年度举行的"恒福杯"首届全国茶具设计大赛中，我们也将绿功夫茶具开发列为其中一个主题，得到了较多设计者的支持。

我们的团队有一个梦想，就是通过不断的努力，推出更多绿功夫茶器产品，从而促进绿茶文化的传播与推广，给喜欢绿茶的朋友带来新的冲泡体验与品饮快乐，使我们的绿茶生活在更健康，更快意中迈进！再次感谢大家的支持！

创意让生活更美好！

2009 年 12 月 9 日

It has been more than a decade since I engaged in the tea industry. Over the past years, so many bygone days full of pleasure, depression, suffering and loneliness have enriched me. Yet my favorite part is the feelings brought by the fulfillment, busy days and enjoyment gained from devoting my life to tea.

Growing up in a tree farm, I used to plant, make and sell tea (mainly green tea) with my father in my childhood. My father is a farmer and he himself developed methods of producing tea. The rolling, baking and drying procedures impressed me most. In order to improve the baking procedure, my father would design the baking wares himself and had them made to order by local craftsmen. Even the quality of the charcoal and charcoal loader was always top-class. In my father's view, the key point of making good tea is to separate the fire and tea loader when rolling the tea, otherwise tiny leaves may fall into the fire and create unpleasant dross, and thus severely affect the flavor and quality of tea. According to his theory, steps to make good tea should be, first, clean the pan carefully and then heat it up; second, load the pan with one jin (0.5 kilo) of baked tea and put the pan on fire for rough baking for thirty minutes. The tea maker must keep his hands revolving to make each tea leaf equably baked. At this stage, it is quite interesting to find that countless fuzz or tea dust stick to the skin and make the hands very fuzzy. After baking, six to seven liang (0.3-0.4 kilo) of the tea would be gained and the whole process was completed. At that time, neighbors and friends would come to our house. It is always hard to describe how eager everyone was to drink a cup of good tea. However, my father would tell them to wait patiently until the tea was naturally cooled, or the tea would smell burnt.

After entering the society, I was very fortunate to meet Mr. Xie Kaiqiang, who made me become connected with tea again. At the beginning, the company was mainly running wholesale business of tea wares and Pu'er tea. We also designed tea sets ourselves. The wholesale business of Ti-Kuan-Yin, Wu-Yi-Yan tea and derivative tea foods was expanded in 2003, when the retail chain division was set up. As the mainstream products, kungfu tea wares were mostly introduced from Fujian province, Chaozhou and Shantou (Guangdong province) as well as from Taiwan. Meanwhile, small improvement and development were made. China has always been the biggest country producing and consuming green tea, some of which are among China's top ten tea. And it was also the green tea that took lion's share (around 70% annually) in the tea market for the last decade. In terms of kungfu tea, we can find that its taste, culture and spirit have been deeply enrooted in our lives.

Making green tea in a glass for appreciation of its taste, fragrance and "dancing", is the core idea of the R&D team of our company. After repeated discussions and researches, our team summarized several key points. First, the tea leaves and the infusion must be separated; second, the process of making green tea should be appreciated; third, by separating the tea leaves and the infusion, the infusion will not become tasteless so soon and the tea can be made for two or three more times. Altogether, isn't it exciting to make the originally private enjoyment shared by confidants and talk what we like?

When I talked to Mr. Wang Qing, President of Chinese Tea Marketing Association, about the idea of Kungfu Green Tea, he pointed out that the current tea market is oversupplied, and compared my thought to "you give me a pillow when I feel sleepy". What he said is really unforgettable and puts me under heavy pressure too.

During the writing of this book, I have benefited from the support and advice of the following people: Mr. Wang Jiayang, Honorary President of Chinese International Tea Culture Association; Mr. Wang Jianrong, Curator of China National Tea Museum; Mr. Chen Guochang, Chairman of Southern Tea Chamber of Commerce; Mr. Wan Jinchao, Chairman of Jingmin Tea Hall; Mr. Wang Weisheng, Chairman of Shandong Xueqing Tea Co., Ltd.; Mr. Tang Xianhong, Chairman of Sichuan Zhuyeqing Tea Industry Co., Ltd.; Mr. Xie Yiping of Anhui Xie Yuda Tea Marketing Co., Ltd.; Ms. Zhang Liumei of Hunan Yiqingyuan Tea Industry Co., Ltd.; Mr. Chen Jinchi, Mr. Cai Tinghui, and Mr. Zhang Mingxian from Taiwan. Also I need to thank all my team members: Xu Jiekun, Peng Xianjun, Xu Jieming, Cao Xiangqing, Xu Jincai, Wang Runliang, Liu Yunsheng, Luo Ruihong, Wang Juntao, Li Peng and Ke Yan. And special thanks to Ms. Feng Yanfen, who has contributed a lot to the editing of the book. Last but not least, Mr. Wu Shangwei, Mr. Shi Zerun and my wife Li Chaoyu also gave me lots of support in publishing this book. I would like to take this opportunity to thank them all!

Finally, I sincerely appreciate professor Li Hong of College of Arts & Design Tsinghua University, who gave me valuable advice. Ms. Huang Wuxiu, Secretary-General of China Industrial Design Association; Mr. Tong Huiming, Dean of Guangzhou Academy of Fine Arts; Mr. Li Youyu, Dean of Shanghai Institute of Visual Art, Fudan University and professor Tong Qiqing from Zhejiang University, as well as Mr. Ye Rongzhi, President of Hong Kong Tea Association, also contributed a lot to the publication of this book and the development of Kungfu Green Tea wares. In the first "Hengfu Cup" Tea Set Innovative Design Competition 2009, we listed "Kungfu Green Tea" as one of the design themes and received many entries from participants.

Our team has a dream, that is, to introduce more and more Kungfu Green Tea products by hard work, to promote and spread green tea culture, thus bring new experience of tea making and tasting to those who like green tea. Life will be healthier and happier when green tea is with you. Thanks again for your support.

Creativity makes life better!

Xu Jiegen

2009.12.9

茶叶、功夫、丝绸、瓷器、长城、京剧、中餐等都是典型的中国文化符号。清香优雅的绿茶与腾挪搏击的功夫，这两者的组合或许令人费解，但当我们从功夫茶的角度去考量绿茶功夫的概念时，就会发现曲径可以通幽，绿茶何妨与功夫结合。

一段时间以来，功夫茶已经成为乌龙茶冲泡法的代名词，而对于中国六大茶类中历史最悠久的绿茶，许多人品饮的方法失当——只是简单地投茶入杯，注入开水，然后品饮。因其法无法控制茶的浸泡时间，如浸泡时间太短，则茶味淡；如浸泡时间太长，则茶味苦涩难以下咽。这不利于绿茶色、香、味、形的发挥。绿茶需要更合理、更科学的冲泡法来表达其品质上的优越性，于是，绿茶功夫的概念应运而生——选用品质上等的绿茶、上佳的水品、精致的茶具、茶水分离的沏泡法，选择或者营造优雅的环境，邀意趣相投的茶友共同来品饮绿茶。这一概念将功夫茶的技艺嫁接到绿茶的冲泡法上，大胆却不怪异，新颖却不生硬。

另一方面，茗饮之道与中国功夫实有相通之处。众所周知，中国功夫讲究内外兼修，而茗饮之道追求的也是外在的泡茶技巧与内在心性修养的结合。在此意义上，虽然此绿茶功夫非彼拳脚功夫，精神却互相契合，这一点也是绿茶功夫的理念基础。

在这本书里，我们不仅可以了解绿茶的茶叶知识，认识适合冲泡绿茶的器具，还能学习到正确的绿茶冲泡方法。当然，书中呈现和讲述的并不是简单、普通的绿茶冲泡，而是结合了赏、品、玩并倡导茶水分离的绿茶功夫。在绿茶的广阔天地中，冲破藩篱，一种自由自在、随时随地冲泡好绿茶的绿茶生活方式，便由绿茶功夫引出，呈现一种文化和品位。恒福提出的绿茶功夫能够满足更加科学、更加艺术地品饮绿茶的需要，在此，谨向茶友荐之。

好茶者不妨费点工夫阅读此书，费点工夫践行绿茶功夫泡法，细细体味绿茶功夫提倡的绿茶新生活。

中国茶叶博物馆馆长：王建荣

2010 年 9 月

茶，

香叶，嫩芽，

慕诗客，爱僧家。

碾雕白玉，罗织红纱。

铫煎黄蕊色，碗转曲尘花。

夜后邀陪明月，晨前命对朝霞。

洗尽古今人不倦，将至醉后岂堪夸？

——唐·元稹《一字至七字诗·茶》

目 录 / CONTENTS

序一
序二

39 第二篇 绿茶功夫·茶叶篇

40 六大茶类
43 绿茶之最
历史最早
产量最高
饮用最广泛
产区最广
品类最丰富
名品最多
53 绿茶选购
绿茶选购五法
绿茶品质鉴别
58 绿茶保藏
绿茶保藏五怕
绿茶保藏五法

13 第一篇 绿茶也功夫

14 功夫 & 工夫茶
16 绿茶也功夫
17 绿功夫的由来
绿功夫的由来——内因
绿功夫的由来——外因
21 功夫之理念
品绿功夫品东方精神
品绿功夫听历史回声
丝路上的古茶故事
从神秘古老到开放现代
从私享到共享
品绿功夫之好处：健康、轻松、快乐

61 第三篇 绿茶功夫·茶器篇

63 茶器材质
绿功夫玻璃系列
绿功夫陶瓷系列
绿功夫紫砂及其他系列
69 茶器选择与搭配
绿功夫基本配备
绿功夫其他配备
71 茶器风格
全套茶具的观念
釉色对茶的影响
73 品茶环境
意境
时境
心境
76 茶席设计
绿功夫茶席必备
绿功夫茶席艺术
茶席中的禅意

85　第四篇　绿茶功夫·冲泡篇

86　泡茶用水
软水和硬水
水的"老"和"嫩"

88　泡茶要素
绿功夫三要素
绿茶基本冲泡方法

90　绿功夫冲泡方法
绿功夫核心理念之赏、品、玩
绿功夫核心理念之茶水分离
茶水分离法
其他冲泡方法之三绿冲泡法
其他冲泡方法之冷泡法

103　第五篇　绿茶功夫·生活篇

104　DIY 绿茶生活
创意绿茶生活——绿功夫三部曲
有滋有味品绿茶

110　民以食为天——绿膳
茶饮绿功夫
茶食绿功夫
茶膳绿功夫

118　环游世界的梦想——绿游
绿茶产地游
杭州首届中外茶席设计大赛

124　绿茶与文学
绿茶与诗
绿茶与小说
绿茶与散文
绿茶与电影

133　后记　用心设计绿功夫

第一篇　绿茶也功夫

越人遗我剡溪茗，采得金芽爨金鼎。

素瓷雪色飘沫香，何似诸仙琼蕊浆。

一饮涤昏寐，情思朗爽满天地；

再饮清我神，忽如飞雨洒轻尘；

三饮便得道，何须苦心破烦恼。

此物清高世莫知，世人饮酒多自欺。

愁看毕卓瓮间夜，笑向陶潜篱下时。

崔侯啜之意不已，狂歌一曲惊人耳。

孰知茶道全尔真，唯有丹丘得如此。

——唐·释皎然《饮茶歌诮崔石使君》

江浙绍兴人赠我剡溪的茶叶，采制自金黄鲜嫩的叶芽，我用金鼎煎煮。

素色瓷碗白得像雪一般，飘着沫饽散发的清香，像极了众位仙家的琼浆玉液。

喝下第一口，涤去我昏昏欲睡的感觉，天地间一片清明，神思爽朗；

喝下第二口，使我的神思为之清醒，如清凉的雨丝忽从天降，洗去凡尘。

喝下第三口，豁然悟道，心境开朗，何须煞费苦心找寻破除烦恼的方法。

茶的清高世人知之甚少，大家只以为借酒可以浇愁，其实只会愁更愁。

毕卓夜里醉酒偷酒的事令人哭笑不得，哪像陶渊明隐居桃花源那般悠然自得。

崔侯善于品茗，意兴所至时便狂歌一曲，此情此景让人惊喜难忘。

谁能明白茶道保全天性的个中特点，只有神仙丹丘最懂得了。

　　唐代一位嗜茶的诗僧皎然，不仅知茶、爱茶、识茶趣，更写下许多饶富韵味的茶诗。与茶圣陆羽诗文酬赠，成为缁素忘年之交。这首诗便是皎然同友人崔刺史共品越州茶时的即兴之作。

功夫 & 工夫茶

　　在初入茶道之时，并没有留意，"工夫茶"和"功夫茶"还有字面上的差别。后来某一天发现了，竟不懂"工"、"功"何字作准，究竟我们耳熟能详的这三个字，该作"工夫茶"还是"功夫茶"？

　　从前，"工夫"与"功夫"两词基本通用，近年来用法分工逐渐明晰。从字面理解，"工夫"表示所耗费的时间、空闲时间等意思；而"功夫"则指人的本领怎样、造诣如何，同时也是武术的别称。

　　引申到茶，这两词显得有意思得多。

　　工夫茶，是盛行于闽粤一带的一种品茶风尚，起源于宋代，清代时尤其兴盛。"工夫"，是闽南方言，费时间的意思。散文家梁实秋先生说"喝工夫茶，要有工夫"，说的就是喝工夫茶，需要花时间细细品味。引经据典，我们却发现，"工夫茶"最初指的是武夷岩茶里面一种等级非常高的茶叶。

　　曾任福建崇安（今武夷山市）知县的陆廷灿在其《续茶经》中辑录了《随见录》中的说法："武夷茶，在山上者为岩茶，水边者为洲茶。岩茶为上，洲茶次之；岩茶，北山者为上，南山者次之。南北两山，又以所产之岩名为名，其最佳者，名曰工夫茶。工夫之上，又有小种，则以树名为名，每株不过数两，不可多得。"由此可见，清初时"工夫茶"原意是武夷岩茶的品名。

　　武夷岩茶的制作过程十分繁复，把每一个步骤都掌握得恰到好处是需要精湛技艺和花费极多精力、时间的，这正是其得名"工夫茶"的原因。民国以后，"工夫"则全指红茶了，红茶的分类当中，就有按地域分的祁门工夫、滇红工夫等，印证了"工夫"为茶类所指的说法。发展到后来，工夫茶逐渐指泡茶时用具精巧，程序复杂的独特方法与功力，多指冲泡乌龙茶的方法。

追溯茶古籍及其出典，作为一种茶道，"工夫茶"最早出现的记录，目前为学界公认的是俞蛟的《潮嘉风月记》，其中写道："工夫茶，烹治之法"，写的主要是饮茶时的炉、壶、杯等，后半篇则是泡法技巧。此处引发一个颇具争议的话题，也正是近年来对于"功夫茶"还是"工夫茶"的热烈讨论。

"功"字派认为：在潮州方言中，"工"音"刚"，"功"音"攻"。俞蛟是浙江人，也许不善闽语，大有可能把两字混淆了，此处的"工夫茶"应作"功夫茶"，更多说的是泡茶技法，而非茶叶，如今盛行的闽式、粤式、台式功夫茶，也完全是指冲泡技法。

"工"字派则认为："工夫茶"最早出现在清俞蛟的书中。其后，清寄泉的《蝶阶外史》，徐珂的《清稗类钞》乃至民国翁辉东的《潮州茶经·工夫茶》等，均以"工夫茶"出现。命名一般都以初始名为准，俞蛟的《潮嘉风月记》是目前为学界公认的有关工夫茶的最早记录，理应以它作为命名的依据。

争论和不同的看法，时至今日仍然存在，"功"说"功"有理，"工"说"工"有理。我们并不是要给此下一定论，而是由此引出我们对于工夫茶中"功夫"的理解。在我们看来，工夫茶的这些含义，正是很需要讲究"功夫"的。

功夫茶作为茶道，含有器具精巧、方式方法精致、物料精绝、礼仪周全等物质与精神的多种因素。鲁迅先生在《喝茶》中说："有好茶，和会喝好茶，是一种清福，不过要享受这清福，首先就须有工夫，其次是练出来的特别感觉。"这种功夫，是饮茶人只可意会，难以言传的神秘感觉。我们所理解的功夫茶所指，包含四层含义：一为花时间，二为茶叶品种的名称，三为使用的茶具精巧考究，四为有好的技艺和泡茶方法把茶性发挥出来。

多花一点时间、使用精巧考究的茶器茶具、使用好的技艺和泡茶方法把绿茶最好的一面呈现出来，从而享受绿茶带来的清新惬意，这正是绿茶的功夫所在。

绿茶也功夫

刚写下这几个字，不由自主地联想起一部电影，也许读者们也会有同样的联想——没错！就是经典的《修女也疯狂》：一群身穿圣洁修女服的修女们，却跳着地道的黑人街头舞蹈，唱着流行歌曲。除却些许的搞笑以外，谁说这不是一次颠覆传统的创新呢？在功夫茶被普遍认为是泡饮乌龙茶的方式时，绿功夫的概念，当然也是一次颠覆传统的创新。

人们惯常思维里的修女形象，也许是严肃的、不苟言笑的、呆板的。影片中修女们挣脱了条条框框的束缚，大胆地高歌"I will follow him"时，教堂里充满了生气和阳光。

疯狂是相对于修女而言的，因为与人们约定俗成的认识有异，因而冠以"疯狂"两字；而功夫相对于绿茶而言，是因为人们一贯认为功夫茶是乌龙茶的泡饮方式，因而绿茶功夫同样有些不可思议。

绿茶在我们的日常生活中非常普遍，许多人可以说是在绿茶的陪伴下成长起来的，因此，不少人特别钟爱绿茶。抓一把绿茶，放进瓷壶里，冲泡给客人喝；或者放进马克杯或玻璃杯，独自享用。这在日常生活中司空见惯，是谁都懂得的泡茶方法。功夫茶的概念也不陌生，特别是广东潮汕一带，以及港台地区一直十分流行。然绿茶与功夫的结合——绿功夫，这个概念则显得新鲜、有趣和富有创意，在一些人的眼里，也许还带有一点点的疯狂吧。

但如果把绿功夫的概念，简单等同于绿茶的功夫茶或茶具，那就失之偏颇了。绿功夫，除却上述功夫茶所指的花时间、使用的茶具精巧考究、有好的技艺和泡茶方法把茶性发挥出来等含义以外，还包含更深层的意思，可理解为：创新的绿茶品饮方式，以及充满创意的现代绿茶生活。

▼绿茶茶席——现代之美

绿功夫的由来

在人们普遍的认识里，只有乌龙茶才适用于功夫茶，才能冲泡出功夫茶所要求的色、香、味。殊不知，看似简单的绿茶，冲泡起来，也很讲究功夫。绿茶看似简单，是因为六大茶类中，以绿茶的冲泡法最为简约。首先，器具简单：一杯、一碗或一壶，就可以冲泡；其次，程序简单：投茶、注水，茶汤适口时即可品饮。然而实质上，绿茶蕴含许多并不简单的特性。

▲绿色小植物

◎绿功夫的由来——内因

绿茶产地 我国绿茶历史悠久、产地分布广泛，跨越华东、华南、西南等十多个省份，形成了不同的地域特征，以及各式各样的冲泡流派，有不同的冲泡功夫。

绿茶品类 我国绿茶生产范围极广，品类繁多，不同的品种在外形上各有差异，且差距较大，茶具也因茶而异，需讲究功夫。

绿茶原料 绿茶采用茶树新叶，未经发酵而成，不同产地不同茶树的原料，产出茶叶的内质及细嫩程度等方面有很大差别，因而在投茶、冲泡、候汤、出汤等方面不可草率从事，应讲究功夫。

绿茶特性 绿茶的制造工艺，更多地保留了鲜叶内的天然物质，使绿茶冲泡时择水、控温、耗时等方面有所要求，特别讲究功夫。

从这几方面看来，冲泡一杯好喝的绿茶，且充分展现绿茶的色、香、味、形，并不是那么简单，而是很需要一番功夫的。我们不由地对绿茶重新作一番审视。

首先，在绿茶用具上，针对绿茶的特点特性，是否应专门设计绿茶专属的茶具？

其次，在泡饮方式上，不同种类的绿茶，是否应设置与之相适应的冲泡方法和程序？

最后，在绿茶的内涵和外延上，是否应在传承与发扬绿茶文化的基础上，创新出适应新时代变化而又别具一格的绿茶饮用方式？

▲云南哀牢山的野生大茶树

◎绿功夫的由来——外因

绿茶历史最悠久 从神农氏以茶解毒的古老传说，到中国历史上饮茶文化璀璨的三个时期——唐代（618-907）煮茶、宋代（960-1279）点茶、明代（1368-1644）泡茶，所饮用的茶类其实都是绿茶。

绿茶是其他茶类的祖先 再看看制茶工艺的发展：中国唐宋时期以团饼茶为主流——先把茶叶制成蒸青绿茶，再拍压成团饼的形状，前后大约有1000年左右。

宋徽宗宣和年间（1119-1125），制茶的趋势由蒸青团茶向蒸青散茶转变，以便保留茶叶更多的清香。但在宋代，团饼茶的生产还是略多于散茶，直到元代，散茶才明显超过团饼茶而成为主流。

到了明代，团饼茶逐渐被淘汰。明太祖朱元璋于洪武二十四年（1391）下诏废团饼茶，以芽叶入贡。这个改革，促进了芽茶和叶茶的蓬勃发展。除了大量生产蒸青绿茶之外，炒青绿茶的工艺也逐渐发展成熟，后来又出现了晒青和烘青的技艺。明、清两代在绿茶的制造基础之上，演变出了红茶、乌龙茶、黄茶、白茶、花茶等其他茶类。

绿茶流传海外，在日本发展成茶道 蒸青绿茶的制法于唐、宋时期传入日本，日本到今天都还沿用这种制茶的方法，日本茶道所饮用的"抹茶"就是蒸青绿茶的一种。

绿茶也可以很功夫 绿茶的制法是其他茶类产生的基础，包括乌龙茶在内。而品饮乌龙茶的方法称为功夫茶，那么，品饮绿茶也可以很讲究，很功夫。

所以，绿茶专属的绿功夫概念便应运而生了。

【恒福绿功夫小记】

恒福绿功夫的概念从 2005 年底便已形成，经过 3 年多的市场调查及研发试验，第一批绿功夫概念产品终于在 2009 年 3 月份的恒福第五届订货会上与客户朋友见面。

恒福绿功夫 Kungfu Green Tea，是针对绿茶而专门开发设计的各类用于冲泡绿茶的功夫茶具，同时，绿功夫倡导现代的、创新的绿茶生活方式。

绿茶水洗

功夫之理念

　　虽然绿功夫倡导一种现代的、创新的绿茶生活，但毕竟茶在中国有着久长深远的历史，茶文化已然占据中华文化之重要一席。因此，了解中国茶文化的发展历程及其背后的精神，能够帮助我们认识自我，以及我们身处的这片土地。功夫的理念，可以说是一种东方精神的体现。

◎品绿功夫品东方精神

　　功夫与茶　在外国人看来，中国是一个遥远、神秘而古老的国度。随着中国不断发展和逐步对外开放，遥远的东方古国掀开了神秘的面纱。2008 年北京奥运会，向全世界展示了一个蓬勃、开放而现代的中国。开幕式上《丝路》一幕，画卷上一边是瓷器（china），另一边是茶（tea）。可见，茶作为中国文化的代表之一，是中国向世界推介自己的一张重要名片。

　　北京奥运会以后，世界看到一个真实的、发展的中国，在外国人看来，长城、功夫、中餐最能代表中国。此处，有两个事物与茶的关系颇为密切。

　　一个是中餐，餐与饮总是不分家的，虽然中国的茶饮自成一个体系，然而说到中国餐饮，饮的部分一定与中国茶脱不了关系。

　　另一个则是功夫。由于受好莱坞电影的影响，大部分外国人对中国功夫印象深刻。更有趣的是，不少人来到中国以前，还曾以为中国人个个都会功夫。这个武术上的功夫，如何与茶攀上关系了呢？这要从功夫背后的精神意义上去理解。

　　中国功夫讲求内外合一、形神兼备，既讲求形体规范，又讲求精神传意。内家派的太极、形意、八卦，锻炼人的精、气、神；外家派的少林长拳、洪拳、咏春，锻炼人的筋、骨、皮。内、外两家并非对立的关系，殊途同归而万变不离其宗。

中国功夫博大精深，从技术上讲，要让自己的身体最大限度地与心神融为一体，心手合一、随心所欲、收发自如。这与茶文化有着异曲同工之妙。茶艺、茶道背后的精神与中国功夫的精神不谋而合，讲求内外合一，茶艺在外，茶道在内，艺道合一而随心所欲也。

▲ 日本抹茶冲泡之一

专业的茶艺、茶道之泡茶功夫，或者平常人把茶泡得很好喝的功夫，其精神与中国功夫是一致的。茶艺与茶道精神，是中国茶文化的核心。艺，是指制茶、烹茶、品茶等艺茶之术；道，是指艺茶过程中所贯彻的精神和理

▲ 日本抹茶冲泡之一

念。通俗说来，茶艺，是如何泡好一杯茶的技艺；茶道，是如何享受一杯茶的艺术。茶艺，有名，有形，是茶文化的外在表现形式；茶道，就是精神、道理、规律、本源与本质，它经常是看不见、摸不着的，但你却完全可以通过心灵去体会。茶艺与茶道结合，艺中有道，道中有艺，是物质与精神高度统一的结果。

可以这么说，中国功夫除了中国武术以外，中国茶艺茶道也是一种中国功夫。武术是动态的功夫，而茶艺茶道则是静态与动态结合的文化的功夫。要想成为武术功夫的高手，无论套路还是硬功，都是必修课程。实际上，内家派与外家派都是要求内外兼修的，不管其侧重面是什么，最终都是要达到同样的结果，也就是心手合一。要想成为茶艺茶道功夫高手，也是需要遵循一定的套路，不断实践、摸索，才可能达到内外同步、心手合一的境地。

随心所欲、收发自如，是中国武术功夫的精神追求，中国茶艺茶道功夫的精神追求，显然要高深得多。泡茶的技艺手法纯熟，达到随心所欲、收发自如的境地，这只是茶的艺道功夫在技术层面上的追求，更深层次的茶道精神，与东方人的精神丝丝入扣、紧密相连。

日本抹茶冲泡之一

茶道 茶道是属于东方的文化，东方文化自古以来遵循孔孟之道，受儒家文化影响甚深。说到东方文化，近代以来逐渐形成一个约定俗成的地域所指，也即东方如何界定。原本东方只是一个相对的地理概念，每个地方的东方所指当然不一样，近代以来，学术界基本上公认，东方文化指以汉字文化圈和儒教文化圈为主的亚洲文明圈。这里的所谓儒教文化圈是汤因比(Toynbee)所指的中韩日儒教文化圈。

西方文化比东方文化起步晚，两者间存在很大的差异，在看待人与自然的关系上，东方人与西方人有着截然不同的观念。西方人自我意识较强，他们认为人都是独立存在的个体。东方人则容易把自我视为自然界中的一部分，是一个整体，更强调人与自然的和谐相处。这种意识和观念似乎与东方的亚洲各国，尤其是中国自古以来便根深蒂固的农耕社会文化传承有关。农耕文化受气候及自然环境的影响甚深，人在自然面前显得那么渺小，靠山吃山、靠水吃水，还有望天打卦等。中国人视自然界为供其温饱的衣食父母，向自然索取，同时也回归自然，有一种相互依存、融为一体的感觉，所谓"天人合一"。

▼ 绿色小植物

东方文化里的这种与自然和谐共处、相得益彰的共处法则，融会贯通至茶文化与茶的艺道功夫当中，成为了茶道的追求和精神的核心——和。

◎品绿功夫听历史回声

东方的精神，从古老的中国延伸到现代的中国，恒久不衰，历久弥新，如同中国的茶文化一样，从丝绸之路、茶马古道、海上丝路一直走到北京奥运会和开放现代的中国。且让我们倾听这段悦耳的历史回声。

丝绸之路　2000多年以前，张骞出使西域，开辟了一条由中国通向世界的道路，被誉为丝绸之路。丝绸之路犹如一条彩色的纽带，将古代亚洲、欧洲和非洲的文明联系在了一起。中国的四大发明随着丝绸之路传送到了世界各地，中国先进的养蚕、丝织技术以及绚丽多彩的丝绸产品、瓷器产品源源不断地输往世界各地。最重要的是，茶叶作为承载着中国传统文化意义的标志性符号之一，也源源不断地输往世界各地。

这些美丽的事物，让世界认识了中国，并惊叹这个东方古国文明的光辉。这些中国传统文化的代表符号向世人展示了中国的物质生活水平，也展示了中国百姓多姿多彩的生活。丝绸之路一般分为三段：东段、中段和西段。东段、中段均开辟于汉代，西段则始于唐代。现代有人宣称，因为唐代时已有茶叶远销西蕃，那时候的西南丝绸之路，应为"丝茶之路"才对。不管这条繁华的通商之路冠以何名，在这些争议中，茶叶在丝绸之路中的重要贸易地位已可见一斑。

茶马古道　茶马古道源于古代西南边疆的茶马互市，兴于唐、宋，盛于明、清，"二战"中后期最为兴盛。茶马古道是目前已知亚洲大陆历史上最为庞大复杂的商业道路，贯穿了亚洲板块最险峻奇峭的高山峡谷，它是古代中国与南亚地区一条重要的贸易通道。

根据史料的记载，中国茶叶最早向海外传播的时间可追溯到南北朝时期。隋唐时期，随着边贸市场的发展壮大，加之丝绸之路的开通，中国茶叶以茶马交易的方式，经回纥及西域等地向西亚、北亚和阿拉伯等国输送，中途辗转西伯利亚，最终抵达俄国及欧洲各国。茶马交易治边制度从隋唐始，至清代止，历经千年。茶马古道作为一条连接内地与西藏的古代交通大动脉，历经唐、宋、元、明、清，虽然最后从历史的地平线上消失，但其历史作用和现实意义不可低估。

海上丝路 张骞出使西域后，汉代的使者、商人接踵西行，西域的使者、商人也纷纷东来。他们把中国的丝绸和纺织品，从长安通过河西走廊运往西亚，再转运到欧洲，又把西域各国的奇珍异宝输入中国内地。丝绸之路是沟通中西交通的陆上要道，汉武帝以后，西汉的商人还常出海贸易，开辟了海上交通要道，这就是历史上著名的海上丝绸之路。海上丝绸之路是陆上丝绸之路的延展，中国出口的物品仍然以丝绸、茶叶和瓷器为主。

中国茶的传播基本上分海路和陆路两种途径。早在 600 年前，郑和下西洋时就给许多国家带去了茶叶等物品。约 400 多年前，当葡萄牙、荷兰等国在海上运输能力强大时，他们通过帆船运走大量的中国茶叶。

据考证，茶叶经由海路传播的途径主要有三条：一条由浙江直通日本；另一条则是从福建、广州通向南亚诸国，然后经马来半岛、印度半岛、地中海走向欧洲和非洲；第三条是从广州、上海直接越太平洋通往美洲各地。

在公元 473-477 年，土耳其商人以蒙古边界为中界地，通过以物易物的方式，与中国进行茶的贸

▲越窑古意盖碗

易。隋唐以后又与西边互市不绝。唐代时，中国商船独占广州至波斯湾的运输业。唐玄宗开元二年（714），中国始设市舶使管理商务，但茶叶仍是商买商卖，"豪商"经营者甚多，阿拉伯、波斯等国外商人常把茶叶海运回他们的国家。应该说，我国早期茶叶的海运外传基本上与陆路通向西亚的丝绸之路相辅而行，而茶叶传入欧洲则是更晚些时候。

明嘉靖年间，威尼斯著名作家拉马斯沃著有航海旅行记，其中提到中国茶的情况，并将一本书命名为《中国茶》，把中国饮茶知识传到了欧洲。

17 世纪以后，饮茶之风在西班牙、法国、德国和斯堪的纳维亚地区普遍兴起。在葡萄牙，贵族、皇室也养成了饮茶的习惯。承担运载中国茶叶任务的是东印度公司。1607 年，东印度公司来到中国澳门，开始运载中国绿茶辗转回到欧洲。18 世纪，英国和美国的家庭以及咖啡店普遍把茶也作为饮料之一。

欧美庞大的茶叶消费需求带动了中国茶叶的出口。中国外销茶叶主要有红茶和绿茶，以红茶为多。红茶主要产于福建、广东，绿茶产于安徽、浙江、江苏。通过海上丝绸之路，中国茶叶远销东南亚和欧洲各国。

◎丝路上的古茶故事

哥德堡号 著名的哥德堡号沉船的故事，相信大家曾有耳闻，这是发生在海上丝绸之路的一个与茶相关的小故事。哥德堡号是18世纪瑞典东印度公司的海上巨轮，是当时世界上最好的远洋商船。当年，哥德堡号沿着古代海上丝绸之路穿行于中瑞两国之间，成为联系两国的桥梁。每次从瑞典起程时装满当地盛产的木材和铁，在西班牙卖出这些货物换回白银，再来到广州，购买茶叶、瓷器、丝绸等中国商品返回瑞典。1745年9月12日，满载而归的哥德堡号在回程途中沉没于距海岸仅900米的地方。1984年，哥德堡号残骸在瑞典被发现。在此之后的十年时间里，共打捞出60多万件瓷器、370吨茶叶以及大批丝绸。

哥德堡号200多年前不幸触礁沉没，让今天的人们有幸亲睹200年前古茶的芳容。更难得的是，被打捞上来的部分茶叶，竟然色味尚存，甚至能品出浓浓的茶香味来。这是由于当时的茶叶经过紧压处理和密封包装，且有海底泥沙覆盖而未受氧化，因而有一部分依然可以饮用，让茶界为之惊叹。

▲日本煎茶

南海Ⅰ号 另一个发生在海上丝路与茶相关的小故事，与一艘著名的沉船南海Ⅰ号有关。南海Ⅰ号为南宋时期商船，船舱内保存文物总数为6-8万件，是迄今世界上发现的海上沉船中年代最早、船体最大、保存最完整的远洋贸易商船，也是唯一能见证古代海上丝绸之路的沉船。

1987年8月，广州救捞局在广东上下川岛外海域意外地发现了一艘已经沉睡了800年却仍未腐烂的古代沉船，船身内装载着大量文物。由于当时我国的水下考古正处于起步阶段，勘测技术有限，无力独立打捞。几经周密准备，这艘沉睡800年的沉船，于2007年4月才启动整体打捞。南海Ⅰ号已经出水的文物大多数是瓷器，分别来自著名瓷窑如景德镇窑、福建德化窑等。在出水的金属器皿中，既有铜钱、铜镜、锡壶，还有银锭、金戒指等。此外，也不乏漆器、木质文物、朱砂和石雕等。关于南海Ⅰ号的新闻被炒得沸沸扬扬，与其出水之价值不菲的文物有关。

事实上，作为中国拥有海岸线最长的省份，广东千百年来一直是海上丝绸之路与海上茶路的起始点或必经之地，海上贸易非常繁荣。按理说，800年前海上茶路应为繁盛时期，沉

竹叶青

绿湖岸边

船中除却大量瓷器外，应该也留有宋代的团茶才对。虽然媒体没有提及，但实际上却有人亲尝过 800 年前南宋团茶之古韵。据说，古茶外观已被岁月侵蚀，坑坑洼洼且缩皱不堪，看似历经千年风化的陨石。茶汤呈深褐色，有梯田般的水痕纹路，喝后残留的茶末呈抹茶般的绿色粉状。经过 800 年陈化，绿茶的表现依然是绿茶，而并未转化为黑茶。令人惊异的是宋人的木箱蜡封技术，沉没海底 800 年的茶叶居然丝毫未受潮，只是不堪岁月陈化，外观已辨不出茶样罢了。800 年的南宋团茶当然不是普洱茶，而是绿茶。只不过当时风行团饼茶，采摘茶树新叶后，经过蒸青、磨碎、压模成型后烘干制成紧压茶，以利于存放和运输。

◎ 从神秘古老到开放现代

无论是丝绸之路还是丝茶之路，也不管是海上丝路还是海上茶路，以及以茶为主角的茶马古道，都见证了中国茶的源远流长，也见证了中国茶叶对外贸易的由古至今的兴盛，亦反映了独特的中国茶作为世界三大饮料的市场地位。

生活在当代的人们，处于一个开放的社会环境，物质条件日益优越，生活水平日益提高，现代人的饮茶生活也从过去到现在发生了不同的流变。尽管当今世界的广告中充斥着可口可乐、百事可乐以及雀巢麦氏速溶咖啡等各种饮料，中国茶仍然雄踞世界饮料市场之首。而且因为拥有悠久的历史和深厚的文化底蕴，而成为一种影响最广的文化现象。有的欧美人津津有味地品红茶，也有欧美人乐意用绿茶减肥降脂，茶在世界风行着。现代的饮茶生活丰富多姿，百花齐放，是可喜的现象。

丝路以前，中国是一个遥远的、神秘而古老的东方之国；2008 年北京奥运会以后，中国作为开放、现代、发展势头迅猛的崛起之国为世人所认识。中国的饮茶文化以及品茶的功夫，也随着丝绸之路和 2008 年北京奥运会，从神秘古老变化为开放现代。这个过程，也使茶和茶文化的传递逐渐从少数人扩展到大多数人，从私享延展到共享。

◎ 从私享到共享

现代的数字化网络社会，使信息传递极其快捷。从前，我们通过一本书、一个故事，教育大家明白一些道理，或者从中体会感伤和快乐。现在，我们可以通过日志、博客、个人空间，和别人分享哪怕是很私人的小情绪，或者一个有趣的小故事，不一定具备什么意义，只要有倾诉的欲望，都可以和别人分享。

无聊时的涂鸦算不算很私？

房间里一个衣柜算不算很私？

自己心爱的小玩偶算不算很私？

包包里装着的物品算不算很私？

每一顿吃的食物算不算很私？

床底下存钱罐算不算很私？

功夫的理念，就是重视共享的精神，将我们自己的享受，变成更多人的共享，独乐乐不如众乐乐。从前我们喝绿茶，抓一把茶叶扔进玻璃杯中，注水、品饮，每个人喝到的是自己杯中茶的滋味。而功夫的喝法，则讲究分茶，同一泡茶，与在座的各位共同分享。将我们自己的独享，变成所有人的共享，这就是功夫的理念。这里的功夫，当然说的是品茶之功夫。

我们理解的绿功夫所包含的四层含义，如花费时间、好的茶叶、器具考究、讲究泡茶的技巧和功力等，这一切都可以和大家共同分享。

珍藏的好茶算不算很私？

自己独好的某一个小杯算不算很私？

淘来的茶碗算不算很私？

随身携带的小壶算不算很私？

每一次喝茶所备的茶点算不算很私？

……

中国历史上各种喝茶的方法，都讲求精华均分，无论煮茶法、点茶法、泡茶法均如是。好的东西，共同创造，也共同分享。从私享到共享，把我们所知道的、所了解的、所懂得的关于绿茶的所有知识，传播出去，变成大家的共享，这也是此书的目的之一。

◎品绿功夫之好处：健康、轻松、快乐

众所周知，绿茶是有助于健康的饮品。它较多地保留了鲜叶内的天然成分，其中茶多酚、咖啡碱保留 85% 以上，叶绿素保留 50% 左右，维生素损失也较少，对防衰老、防癌、抗癌、杀菌、消炎等均有特殊效果，为其他茶类所不及。

茶多酚是形成茶叶色、香、味的主要成分之一，也是茶叶中具保健功能的主要成分之一。因此，更多地保留茶多酚，成为科学、健康地品饮绿茶的好方法。

认识茶多酚 茶多酚是茶叶中儿茶素类、丙酮类、酚酸类和花色素类化合物的总称，又名茶鞣质、茶单宁。茶多酚在茶叶中的含量一般为 15%-20%。其中以儿茶素最为重要，约占多酚类总量的60%-80%。

茶多酚的作用：具有很强的抗氧化作用，也就是消除有害自由基。另外还具有抗衰老、防辐射的作用，对癌细胞和艾滋病病毒的抑制，以及抗菌、杀菌等均有很好的效果。

▲绿茶茶席——娴静之美

茶多酚的特性：易溶于水，味苦涩，具有一定的还原性。当水的 PH 值大于 7.5 呈较强碱性时，茶多酚易被空气中的氧气所氧化，其含量下降。泡好的茶放置时间增长，茶水中茶多酚被氧化，还会与水中金属离子结合产生沉淀现象，使茶汤中茶多酚的含量大大下降。

品健康　明李时珍在《本草纲目》中说，茶体轻浮，采摘之时，芽叶初萌，正得春升之气。味虽苦而气则薄，乃阴中之阳，可升可降。这些特性说明茶具有能攻能补，又能入五脏发挥作用的较全面能力，因此茶被誉为"最理想的饮料"，它对多种疾病都能发挥一定的防治作用。如今，绿茶已成为最流行的保健饮品。现将绿茶的保健效用归纳如下：

防辐射　绿茶最明显的功效，莫过于防辐射的作用。对于频繁接触电脑、手机等辐射污染源的现代人，平时多喝绿茶可起到一定的防辐射作用。绿茶中含有的维生素 C、维生素 E，特别是茶多酚，具有很强的抗氧化活性，可以清除人体内的自由基，从而起到防辐射、增强机体免疫力的作用。

对于经常接触放射线的从业者，或是因肿瘤等疾病接受放射治疗的患者，喝绿茶，或服用从茶叶中提取的茶多酚，防治放射产生的副作用，效果良好。还有治疗白血球减少症等作用。

另外，长期使用电脑者，易患眼病，茶叶中含有胡萝卜素，它在肠壁和肝脏的作用下，可以转变为维生素 A。而维生素 A 具有保养视力、缓解眼疲劳、预防夜盲症等作用。

防癌、抗癌 绿茶提取物可以增强人体新陈代谢，有利于祛除人体中的毒素，起到预防癌症的效果。目前对于绿茶防癌抗癌的原理还在推论阶段，有的研究说：绿茶中含有的儿茶素能促进特定酶的生长，而这种酶能抑制人体内的致癌成分。

对于预防癌症的发生，多喝茶必然有积极的作用。国内外一些研究证明，无论哪种茶叶，对实验动物的化学致癌或转移性肿瘤，都有不同程度的防治效果。无论内源性或外源性的自由基都有致癌作用，但天然抗氧化剂则可清除自由基，因此这种天然抗氧化剂所具有的防癌、抗癌作用就受到了人们的重视。绿茶中富含茶多酚等天然抗氧化剂，在餐前或餐后饮用，多种抗氧化剂在清除自由基时会产生协同作用，更能显示出绿茶的防癌与抗癌效果。

防龋齿、消炎灭菌 绿茶含有氟，其中儿茶素可以抑制致龋菌的产生，减少牙菌斑及牙周炎的发生，茶叶中的茶多酚类化合物则可杀死在齿缝中残存的乳酸菌及其他龋齿细菌。茶所含的单宁酸，具有杀菌作用，能阻止食物渣屑繁殖细菌，可令口腔清新。

绿茶中的儿茶素对引起人体疾病的部分细菌有抑制效果，同时又不伤害肠内有益菌的繁衍，因此绿茶具备清肠的功能。绿茶能够帮助改善消化不良的状况，比如由细菌引起的急性腹泻，可喝一点绿茶减轻病症。

预防老年痴呆 日本人把绿茶视为长寿之宝，认为绿茶对健康的好处实在多到让人无法抗拒的地步。他们的一项研究发现，每天坚持喝两三杯绿茶，人们罹患老年痴呆症的几率就能减少一半左右。这项研究专门针对 70 岁以上的老人进行了调查。结果发现，有七成的人说他们每天至少喝两到三杯绿茶，在这些人中，老年痴呆症的患病率是最低的。相反，那些每天喝一杯，或者完全不喝绿茶的人中，患老年痴呆症的人则比较多，比前者足足多出一倍左右。研究人员解释，这与绿茶中所含的儿茶素有很大关系。儿茶素是绿茶中茶多酚的主要成分，也是一种重要的抗氧化物质，可以清除人体内有害的自由基，从而对预防和改善早老性痴呆症症状有着很强的功效。更重要的是，茶多酚属水溶性物质，具有很强的扩散能力。因此，茶中的儿茶素能顺利地通过人体生理屏障，到达中枢神经系统及全身其他器官，这些都加强了对老年痴呆症的预防作用。

每天喝三杯以上绿茶的老人，不仅患老年痴呆症的几率比较低，他们的记忆力、注意力和语言运用能力，也要明显高于平时喝绿茶比较少，或不喝绿茶的人。日本是个很喜欢喝绿茶的民族，有调查显示，日本老年性痴呆症的发病率要明显低于欧美地区。

降血脂、减肥 科学家做的动物实验表明，茶中的儿茶素能降低血浆中总胆固醇、游离胆固醇、低密度脂蛋白胆固醇，以及三酸甘油酯之量，同时可以增加高密度脂蛋白胆固醇。对

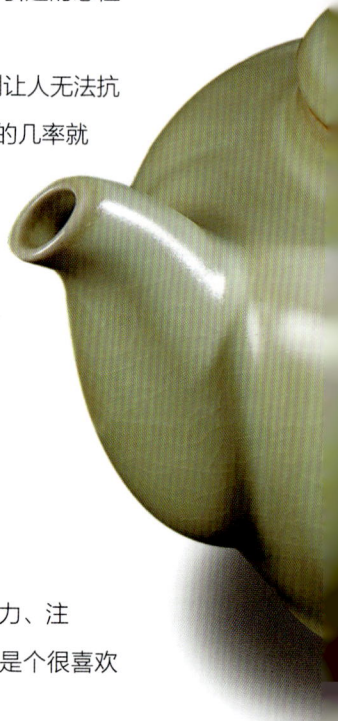

人体的实验表明，茶多酚有抑制血小板凝集、降低动脉硬化发生的功效。绿茶含有黄酮醇类，有抗氧化作用，亦可防止血液凝块及血小板成团，降低心血管疾病发病率。

绿茶含有茶碱及咖啡因，可以活化蛋白质激酶及三酸甘油酯解脂酶，减少脂肪细胞堆积，从而达到减肥功效。

美白、防晒、抗衰老　绿茶可以美容，有很好的排毒养颜功效，夏季防晒更是少不了绿茶。近日美国又有一项研究指出，绿茶中的儿茶素有很强的抗氧化功能，饮用绿茶也能起到防晒的作用。绿茶中含有大量的维生素 C，维生素 C 本身就有很好的美白功效，而绿茶中的类黄酮更能增强维生素 C 的抗氧化功效，使美白效果更佳。绿茶中的儿茶素类物质能抗紫外线辐射所引发的皮肤癌，所含的抗氧化剂有助于延缓皮肤老化。

品轻松品快乐　综观以上种种绿茶的功效，可见喝绿茶就是喝健康。

品饮绿茶除具有健康的好处以外，绿茶作为一种珍贵、高尚的饮料，品饮绿茶亦是一种精神上的享受，是修身养性的好方法。对于绿茶的各种有益身心的功效，古今中外的说法很多，我国唐代刘贞亮的"十德"说得比较全面：以茶尝滋味、以茶养身体、以茶驱腥气、以茶防病气、以茶养生气、以茶散闷气、以茶利礼仁、以茶表敬意、以茶可雅心、以茶可行道。

也有人总结出喝茶具备 25 种功效：

1. 生津止渴，消热解暑。

2. 利尿解毒，加速体内重金属及其他毒素排出。

3. 益思提神，消减疲劳，兴奋中枢神经，加速乳酸排出。

4. 坚齿防龋，饮茶和用茶漱口均有效。

5. 增强免疫力，有助免疫蛋白体形成。

6. 预防和延缓衰老，清除自由基。

7. 杀菌抗病毒，抑制有害细菌和病毒。

8. 降血脂，预防动脉粥样硬化，抗血凝，降低胆固醇。

9. 降血压。

10. 减肥健美，消解脂肪。

11. 降血糖，防治糖尿病。

12. 洁口消臭，茶汤漱口和吃茶叶做的口香糖均可。

13. 消食解腻，促进胃液分泌和消解脂肪。

14. 明目，防治眼疾。

15. 清热护肝。

16. 防治坏血病。

17. 防治辐射损伤，升高血液中的白细胞数量。

18. 抗过敏，抑制组胺释放。

19. 抗溃疡，抑制胃蛋白酶的消化作用。

20. 治疗便秘，促进大肠蠕动。

21. 醒酒消醉，利尿，促进酒精排出，醒脑。

22. 减轻烟毒，消解烟焦油。

23. 和胃止泻，杀灭肠道有害细菌，保护有益菌群。

24. 防癌抗突变。

25. 调节身心，促进思维，调节情绪。

十德固然重要，而绿功夫品饮绿茶的好处，最简单而直接的体验，则是轻松和快乐。轻松也可理解为器具使用上的方便所带来的轻松。这些功效，正是健康、轻松、快乐的总体验。现代社会生活节奏快，使用方便而不失其功能的产品，相信是符合绝大部分人的需求的。另外，轻松还可以体现在绿茶冲泡和品饮的简约上。简单轻松、茶香立现，这也是现代人所追求的简单的快乐。

绿茶功夫的好处，也是绿茶功夫的终极追求，与绿茶的气质一样简约，就是有创意地体验健康、轻松、快乐的绿茶生活。

▲绿茶茶席——自然之美

第二篇 绿茶功夫·茶叶篇

二月山家谷雨天，

半坡芳茗露华鲜。

春醒酒病兼消渴，

惜取新芽旋摘煎。

——唐·陆希声《茗坡》

从第一篇，我们了解到，绿茶无论从文化传承、历史背景还是现代生活等角度看，其实都可以很"功夫"。那么，究竟绿茶是如何"功夫"的呢？首先，让我们回归到绿茶的本原，作为一种茶叶的类别，究竟何谓绿茶？

六大茶类

我国茶区广阔，茶树品种繁多，各种茶类由于制茶工艺的进步，而呈现出丰富多姿的色彩。茶叶的种类划分也有许多不同的方法，最常见的是按其发酵程度和制法，分为六大茶类。这六大茶类的取名，源于其茶汤之成色，观其色便知其名，很容易理解。

绿茶 制作时不经过任何发酵，采摘鲜叶后直接杀青、揉捻、干燥而成，滋味清新鲜爽，清香宜人。制造绿茶最重要的工序是杀青，通过高温破坏和钝化鲜叶中的氧化酶活性，制止茶多酚氧化，使叶片保持绿色，形成清汤绿叶的品质特色；同时蒸发鲜叶的部分水分，使臭青气散发，促使良好香气形成。

绿茶是我国最早的茶类，三国·魏张揖所撰写的《广雅》（公元230年前后）已记载茶叶加工、煮饮的方法，那时所饮的茶就是绿茶。

白茶 叶片采摘下来，只经过萎凋、烘焙两个工序，不经过揉捻和发酵。因为经过长时间的萎凋，汤色香味和绿茶大不相同。白茶选用白毫特多的芽叶，鲜叶要求"三白"，即嫩芽及两片嫩叶均有白毫显露。成茶满披茸毛，色白如银。白茶的主要品种有银针、白牡丹、贡眉、寿眉等。

古籍中有许多白茶的记载，都是品种不同，而非加工方法不同。最早出现的记载是明朝田艺蘅的《煮泉小品》。现代白茶则是品种和制法结合的产物。

黄茶 制作方法近似绿茶，制作过程中经过闷黄，使茶叶与茶汤的颜色呈黄色。黄茶属于微发酵茶，发酵度约 10%-20%，滋味清香甘甜。黄茶之极品是湖南洞庭君山银针，安徽霍山黄芽亦属黄茶的珍品。

黄茶的产生有可能是因为绿茶制法掌握不当演变而来，唐代《国史补》中有霍山黄芽被列为贡茶珍品的记载，可见黄茶在唐代已有，是继绿茶而来的新品种。

青茶 又称乌龙茶，是介于绿茶与红茶之间的半发酵茶，茶叶在杀青以前，经过日光萎凋、室内萎凋、搅拌、静置等过程，素有"绿叶红镶边"之美誉。青茶滋味变化多端，兼具绿茶的清爽和红茶的醇厚，常带有明显的花香、果香、谷香等，十分迷人。武夷岩茶、凤凰单枞、铁观音等是常见的青茶茶品。

青茶到底始于何时，目前尚无定论，有的推断始于北宋，有的则认为创制于清咸丰年间，但都认定始创于福建。

红茶 制作过程不经过杀青，而是直接萎凋、揉捻，然后经过完整发酵，发酵度达 80%-

▲午子仙毫

90%，属于全发酵茶。由于日晒代替杀青，揉捻使之红变，茶叶中茶多酚在发酵过程中氧化为茶红素，形成特有的暗红色茶叶、红色茶汤。如祁门红茶、滇红等都是知名茶品。

红茶开始创制时称为乌茶，在英文中称为 black tea。最早记载荷兰人将星村小种带至欧洲是在公元 1610 年，不管这星村小种是乌龙茶还是红茶，我们可认定在 17 世纪或 16 世纪末已有了小种茶。红茶是在乌龙茶的基础上演变而来的。

黑茶 属于后发酵茶，经杀青、揉捻、晒干后，经过堆积存放甚至渥堆，使茶叶再次发酵。叶片及茶汤颜色多呈暗褐色，滋味浓郁醇厚。从前多为少数民族饮用，如湖南黑茶、广西六堡茶以及非常知名的云南普洱茶都属于黑茶类。

黑茶是我国很特殊的茶类，也是由绿茶演变而来。北宋熙宁年间（1068–1077）就有用绿茶毛茶做成黑茶的记载。

值得一提的是，普洱茶中经过发酵的称为熟茶，而未经发酵的俗称生茶，这未经发酵的普洱生茶也是绿茶的一种。除却上述六大茶类以外，还有花草茶和加工茶。如北方大量饮用的茉莉花茶，其制作的原料是茉莉花加绿茶；还有用各种花、果制作而成的花茶、果茶等。现在利用高科技提取茶叶中物质的萃取茶、保健茶、速溶茶等，属于加工茶类。

荷趣大茶叶罐

绿茶之最

我们从六大茶类的制法中了解到一个事实：绿茶是其他茶类的祖先。

制作绿茶时，选取的品种不同、萎凋时间变长，因而出现了白茶；制作绿茶时，杀青后没有及时干燥，把茶叶闷黄了，因而出现了黄茶；制作绿茶时，杀青前增加萎凋、晒青、晾青，因而出现了青茶；由青茶的制法加进发酵的工序，因而演变出红茶；以绿茶作为毛茶原料，经过存放渥堆，因而出现了黑茶。

因此，在这六大茶类中，绿茶是其他茶类的祖先，是当之无愧的"第一位"。顺着历史的脉络，追溯茶的起源，综观茶的现状，我们发现了绿茶有许多的"第一"。现在让我们来数一数，绿茶到底有几宗"最"。

◎历史最早

茶的起源 当我们翻开历史的长卷，追溯茶之起源时，且听几个有趣的小故事。

神农氏煮开水：传说中国人的祖先神农氏是一个部族的首领。他被敌人推翻后被放逐到遥远的地方，那里土地贫瘠、没有食物，那时也没有人喝煮开的水，于是神农氏创新地煮开水给部落的人喝。有一天，几片树叶飘进正在煮水的锅里，神农氏发现锅里热水变了颜色并且散发出迷人的芳香，他喝了一口，顿觉神清气爽，于是神农氏便用这种树叶煮开水，从而发现了茶。

神农氏水晶肚尝百草：神农氏有一个水晶肚子，吃下什么东西，人们都可以看得清清楚楚。那时候的人，吃东西都是生吞活剥的，因而经常闹病。神农氏为了解除人们的疾苦，就把看到的植物都尝试一遍，看看这些植物在肚子里的变化，判断哪些无毒哪些有毒。当他尝到一种开白花的常绿树嫩叶时，叶子就在肚子里从上到下，从下到上，到处流动洗涤，好似在肚子里检查什么，于是他就把这种绿叶称为"查"。以后人们又把"查"叫成"茶"。神农氏长年累月地跋山涉水，尝试百草，每天都得中毒几次，全靠茶来解救。

达摩眼皮变茶树：菩提达摩从印度东使中国，立下誓言，要用九年时间停止睡眠，以进行禅定。前三年，达摩如愿履行诺言，但后来渐渐体力不支，终于熟睡过去。达摩醒来后觉得十分羞愧，于是割下眼皮扔在地上，好让自己不再睡去。不久后他扔下眼皮的地方居然生出郁郁葱葱的小树。此后五年，达摩相当清醒，没有睡着。最后一年，马上就要完成禅定了，但是达摩又感到睡意来袭，他顺手采食了小树长出的叶子，吃了之后立刻感觉头脑清醒，睡意全消，最终完成九年禅定的誓言。达摩采食的树叶就是后代所饮用的茶。

三个故事中的茶叶，都是摘下便吃或是与水同煮，这样的特性与目前绿茶的特性最为接近。传说终归是传说，真实的历史是怎样的呢？

中国饮茶的历史很悠久，已经无法确切地探明起源的年代了，不过，大致的时代还是有说法的。唐陆羽的《茶经》曾说"茶之为饮，发乎神农氏"。神农氏为农神，中国文化发展史上，许多与农业、植物相关的事物的起源，都归于神农氏。西周时期，晋常璩《华阳国志·巴志》中记载："周武王伐纣，实得巴蜀之师，……茶、蜜……皆纳贡之。"这里的记载表明，在周武王伐纣时期，巴蜀国便已有茶叶进贡了。到了汉代，西汉王褒撰写的《僮约》里面有这样的记载：

"舍中有客，提壶行酤，汲水作馎，涤杯整案，园中拔蒜，斫苏切脯，筑肉臛芋，脍鱼炰鳖。烹茶尽具……牵犬贩鹅，武阳买茶，杨氏池中担荷，往来市聚，慎护奸偷。"

此文撰于汉宣帝神爵三年（前59），远在《茶经》之前，是目前最早的较可靠的茶学资料，也是茶学史上的重要文献。文中记载了当时茶文化的发展状况，"烹茶尽具"、"武阳买茶"，茶是茶的古称。茶在当时社会生活中，已成为日常饮食的一环，且为待客以礼的珍稀之物，可见其地位之重要。到了三国时期，上层社会饮茶风气甚盛。《三国志·韦曜传》说，吴国皇帝孙皓率群臣饮酒，规定赴宴的人至少得喝七升，而韦曜酒力不胜，只能喝二升，孙皓便常密赐茶荈以代酒。三国时已有以茶代酒的先例了。

茶在中国很早就被认识和利用，而世界上很多地方喝茶的习惯也是由中国传过去的，茶树的种植也直接或间接地从中国流传出去。国内对于茶树的发源地也有不同的说法，有西南说、四川说、云南说、江浙说、川东鄂西说等。这么多的说法，说明远古时期的自然茶树起源不止一处吧。而有茶树的地方并不一定能发展出饮茶的习俗来，那中国人的祖先，是如何形成饮茶的习惯的呢？

最早的说法是茶与其他植物同为祭品，后有人尝食而无害，便由祭品而菜食、而药用，继而成为饮料。也有人认为"神农尝百草，日遇七十二毒，得茶而解"，茶最早应作为药用。还有人认为，茶的起源是作为一种食物，慢慢地演变为今天的饮料。

以上所讲到的茶的起源传说、茶的起源记载，还有茶树的种植地以及饮茶方式的起源等，其实都是绿茶的历史。为何如此说呢？因为在出现白茶、黄茶、乌龙茶、红茶、黑茶以前，茶饮史上只有绿茶一枝独秀，因而，茶史便是一部从绿茶开始的历史。

饮茶流变 徜徉于茶的历史长河里，三颗明珠散发出耀眼夺目的光辉。这三颗明珠，就是饮茶史上三个最为璀璨的时期：唐代煮茶、宋代点茶、明代泡茶。每个时期都有各自明显的特点，而所饮用的茶类均为绿茶。

那些时期，人们不再仅仅以茶祭祀、解渴、治病、疗饥，而是追求一种茶之外的东西。也是从这些时期开始，茶里面蕴含的文化之芽也逐渐地显露并茁壮起来。

唐以前，人们饮茶叫做"茗饮"，和煮菜、饮汤一样，用来解渴或用来佐餐。及至唐代，制茶技术日益发展，饼茶（团茶、片茶）、散茶品种日渐增多，饮茶也开始由粗放走向精细。陆羽的《茶经》传世，使茶在社会各阶层被广泛普及，宋代有诗云："自从陆羽生人间，人间相学事春茶。"

陆羽的《茶经》是第一本茶书。"茶者，南方之嘉木也"，陆羽用这句话作为开头，全书7000多字，并不太长。先总结了古代的茶事；再有系统地说明茶叶的产地、种植与采制；还详细列明茶具的名称、形制、材质和色彩；提出了炙茶、选水、看汤、煮茶的方法；进而讨论了饮茶的精粗之道。当陆羽将茶叶相关知识归纳和体系化，教会人们用欣赏和品味的态度来对待茶，也把品茶当做精神上的享受和艺术，从这时开始，茶文化便从萌芽走向成熟了。

◎产量最高

　　绿茶是历史上最早出现的茶类，也是目前我国产量最高的茶类，约占全国茶叶总产量的74%，同时，绿茶也是生产花茶的原料。

　　近几年来，由于绿茶的健康价值日益被人们所认识，产量和销量均呈逐步上升的趋势，市场前景一片光明。1985年，全球绿茶消费量只占茶叶总消费量的8%，到2006年已上升到28%。据联合国粮农组织的预测，未来10年，绿茶出口的市场增速将超过红茶。

　　中国是绿茶生产大国，出口量约占全国总出口量的90%以上。在国际市场上，中国也是世界上生产绿茶最多的国家，目前年产量超过85万吨。我国绿茶占国际茶贸易量的70%以上，销区遍及北非、西非各国及法、美、阿富汗等50多个国家和地区。早在2007年，中国就出口绿茶22.4万吨，占世界绿茶贸易量的80%，占据了绝对主导的地位。

绿茶功夫

▲ 高桥银峰

◎饮用最广泛

绿茶在中国饮用最为广泛。走过中国3000年历史的绿茶，已经拥有大批的绿茶爱好者和忠实的拥护者。现代，由于绿茶市场的巨大，产销两旺的态势居高不下，也才出现绿茶产量最高的局面。正因为有如此广泛的产销基础，故在我国无论南方、北方，产地、销区，或是城市、农村，以至于国外，都有大量的人饮用绿茶。

目前，绿茶是我国国内消费量最多的茶类，约占全国各类成品茶消费总量的30%-40%。从东到西，由南向北，都有广泛的绿茶消费者。

◎产区最广

绿茶作为我国历史最早、产量最高的茶类，其产茶区域也是最广阔的，几乎遍布我国各产茶的省、市、自治区。其中尤以浙江、安徽、江西三省产量最高，质量最优秀，而成为我国出产绿茶的主要基地。

近年来，为了嘉奖浙、皖、赣三地茶品之优异，以及这些地区对于发展绿茶事业和提升、推广绿茶文化所作的贡献，中国国际茶文化研究会和中国茶叶流通协会共同授予安徽休宁、江西婺源、浙江开化三个县"中国绿茶金三角核心产区"的称号。"绿茶金三角"是浙、皖、赣三省交界处以盛产优质高山绿茶著称的三角形地域，这里山高、森林覆盖面广，终年云雾缭绕，是中国绿茶最集中产区的最优势区域。具体的地域范围从小三角的核心产区，到中三角的安徽黄山地区，江西上饶、景德镇地区，浙江衢州、淳安、建德一带，再到大三角包括浙江大部、江西东北、皖南及皖北沿江部分地区。绿茶金三角出产品质优秀的100多种名优绿茶。

中国茶叶产区分布在北纬18°-37°、东经94°-122°的范围内，绿茶的主要出产地分布于浙江、安徽、江西、江苏、四川、湖南、湖北、广西、福建、贵州等各个省区。从纬度分布而言，南自北纬18°的海南岛榆林，北至北纬37°的山东省荣城县，低纬度地区绿茶较少，随着纬度升高，绿茶也逐渐增多，但是纬度太高的地区冬天严寒，对茶树生长不利，绿茶产量又逐步下降。因而，长江流域的大部分茶区是绿茶的主要出产地。

绿茶产区地跨6个气候带，各地的土壤、水热、植被等差异很明显，由此形成绿茶极其丰富的品类。在垂直的分布上，海拔跨度也很大，茶树最高种植在海拔2600米的高地上，最低的仅距海平面几十米或几百米，也同样存在土壤、水热、植被等方面的明显差异。

不同地区生长的茶树品种、类型也不尽相同，由此形成的茶叶品质和茶叶的适制性、适应性差异很大，因此形成了百花齐放的局面。

◎品类最丰富

茶的种类，一般而言，并非由茶树的品种决定，而是取决于制法，至多会因为产地差异而具有不同的名称和风格。

说到绿茶品类之丰富，之前提及绿茶的任何一宗"最"，都可构成其品类丰富的缘由。绿茶是所有茶类中历史最悠久的，茶树的品种，随着几千年以来不同地区的发现、栽种、培育、演进，数量之多何止成千上万。另外，由于中国的生态条件得天独厚，生产、采制技术精湛，经验丰富，制成的绿茶品质优异，在世界上享有盛誉，这些成就也促进了绿茶的发展。高产量和跨度极大的茶产区，更使绿茶形成品类繁多的态势。

绿茶的制法相对于其他茶类是最简单的，只需经过杀青、揉捻、干燥三个步骤，便可大功告成。但实质上，其间的功夫精微玄妙，手法差之毫厘，便可失之千里，最关键的一步在于杀青。

杀青直接决定绿茶的品质，形成"三绿"特色，形成香气，也为下一步揉捻造型打下基础。杀青后通过揉捻，塑造干茶外形。揉捻可以挤溢茶叶的茶汁，使其附着表面，增强绿茶滋味的浓度。最后一步是干燥，蒸发水分，充分发挥茶香，并整理茶叶的外形。绿茶的干燥有烘干、炒干和晒干三种。但一般先经烘干，再炒干，因为茶叶揉捻后含水量依然很高，需要先烘干至符合锅炒的要求，再炒干。

绿茶的制法虽然简单，在这简单的三步制法中，却催生出四大绿茶类别。由于绿茶的杀青和干燥方法不同，绿茶又分为蒸青绿茶、炒青绿茶、晒青绿茶和烘青绿茶。

蒸青绿茶 蒸汽杀青的方法自古已有，我国唐、宋时期以团饼茶为主流。制茶的方法：先把茶叶制成蒸青绿茶，然后拍压成团饼形状。这种制茶法前后持续约 1000 年。在宋徽宗宣和年间（1119-1125），制茶的趋势由蒸青团茶转变为蒸青散茶，这种方法可以更多地保留茶叶的清香。宋时团饼蒸青仍为主流，直到元代，散茶才明显超过团饼茶而成为主流。

蒸青绿茶的制法历经唐、宋、元三代的发展，形成了一套完整的技术。并于唐宋时期传入日本，日本至今仍沿用蒸青制法制造绿茶。

蒸青绿茶利用蒸气破坏叶中酶的活性。蒸青绿茶色泽深绿，茶汤浅绿，茶底青绿，但香气稍闷带青气，涩味也较重，不及炒青绿茶那

▲ 烘青绿茶制茶工具

样鲜爽。我国蒸青绿茶量不多，主要品种有玉露，主要产于湖北；煎茶，主要产自浙江、福建和安徽三省。

炒青绿茶 用锅或滚筒炒干，是我国绿茶的主流制法。在干燥过程中受机器或人手的外力作用，绿茶形成长条形、圆珠形、扇形、针形、螺形等不同的外形，这些独特的造型，也使绿茶具有了较高的艺术欣赏价值，并由此区分出三种不同的炒青绿茶品类。长炒青，精制后称眉茶，成品的花色有珍眉、贡熙、雨茶、针眉、秀眉等，各具不同的品质特征。外形颗粒圆紧的称圆炒青，因产地及采制方法不同又分为平炒青、前岗辉白和涌溪火青等。扁炒青，主要分为龙井、旗枪、大方三种。

在炒青绿茶中，还有一种称为特种炒青，因为选取的绿茶原料十分细嫩，为了保持叶形完整，最后进行烘干。著名茶品有碧螺春、南京雨花茶、安化松针等。

烘青绿茶 用烘笼或烘干机烘干的绿茶。据原料老嫩分为普通烘青，如闽烘青、浙烘青、徽烘青和苏烘青，通常用作窨制花茶的茶坯。细嫩烘青，采摘细嫩芽叶加工而成，多数外形细紧卷曲，有白毫，香高味鲜醇。主要品种有黄山毛峰、太平猴魁、舒城兰花、天山烘绿、华顶云雾、天目青顶等多种名优茶。

晒青绿茶 用日光进行晒干的绿茶。主要分布在湖南、湖北，其他地区也有少量生产。晒青绿茶以云南大叶种的品质为最好，也即滇青，其他如川青、黔青、桂青、鄂青等品质各有千秋，但都不及滇青。

我国绿茶的制造历史悠久。距今 3000 多年以前，古人采集野生茶树芽叶晒干、收藏，也可认为是广义上的绿茶加工的开始。公元 8 世纪发明蒸青制法，开始了真正意义上的绿茶加工，到 12 世纪发明炒青制法，绿茶加工日臻成熟，一直沿用至今，并不断完善。

后来又出现晒青和烘青技术，直至炒青绿茶的技术达到炉火纯青的程度，所制造的茶叶花色便越来越多了。下面列出我国各地出产的主要名优绿茶并择要介绍，看看我们认识哪些，又有幸品尝过哪些。

◎名品最多

绿茶历史最早、产量最高、饮用最广泛、产区最广、品类最丰富，一口气数过来，还真有点喘不过气来的感觉，皆因绿茶在各类茶品中的"第一"和"之最"实在太多了，不愧为茶类中的佼佼者。绿茶名品在茶叶中也是占比例最高的。

浙江绿茶名品 西湖龙井、松阳银猴、

▲西湖龙井

千岛玉叶、普陀佛茶、磐安云峰、瀑布仙茗、天目青顶、江山绿牡丹、惠明茶、开化龙顶、安吉白茶、顾渚紫笋、望海茶、径山茶、平水珠茶、雪水云绿、临海蟠毫、浦江春毫、羊岩勾青、绿剑茶、武阳春雨、东白春芽、建德苞茶、三杯香、太白顶芽、望府银毫、婺州举岩、仙瑶隐雾、雁荡毛峰、前岗辉白等。

西湖龙井产于浙江省杭州市西湖区，主要集中在狮峰、龙井、五云山、虎跑、梅家坞一带。其品质特征为：外形扁平挺秀光滑，色泽绿中显黄，呈糙米色；汤色黄绿明亮；香气高锐持久，有豆花香；滋味鲜醇。

江苏绿茶名品 南京雨花茶、无锡毫茶、洞庭碧螺春、金山翠芽、太湖翠竹、茅山长青、水西翠柏等。

▲ 碧螺春

碧螺春的产地是江苏省太湖之滨的东、西洞庭山，那里茶树与果树间种，孕育了茶叶花香果味的天然品质。其品质特征：条索纤细卷曲如螺，茸毛遍布，色泽银绿隐翠；汤色黄绿明亮，清香持久，滋味鲜爽。

安徽绿茶名品 黄山毛峰、涌溪火青、休宁松萝、老竹大方、太平猴魁、六安瓜片、舒城兰花、敬亭绿雪、瑞草魁、黄山绿牡丹、天华谷尖、东至云尖、华山银毫、贵池翠微、柳溪玉叶、野雀舌、岳西翠尖等。

▲ 休宁松萝

休宁松萝产于安徽省休宁县松萝山。品质特征：条索紧卷匀壮，色泽绿润；汤色绿明，叶底绿嫩，香气高长，有青橄榄香，滋味鲜爽，回甘绵绵。

江西绿茶名品 婺源茗眉、庐山云雾、小布岩茶、狗牯脑茶、大鄣山茶、井冈银针等。

▲ 庐山云雾

庐山云雾的产地为江西省庐山。品质特征：条索紧结，挺秀如针，银毫显露，

▲ 高桥银峰

▲ 恩施玉露

▲ 都匀毛尖

绿茶功夫

色泽碧绿；汤色嫩绿明亮，香气高长，滋味浓醇。

福建绿茶名品 南安石亭绿、天山绿茶、七境绿茶、福宁元宵绿等。

南安石亭绿产于福建省南安县丰洲乡桃园村的莲花峰。其品质特征为：外形紧结，呈条形，色泽银灰带绿；汤色碧绿，香气浓郁。

湖南绿茶名品 安化松针、高桥银峰、古丈毛尖、北港毛尖、碣滩茶、洞庭春芽等。

高桥银峰产于湖南长沙东乡高桥。品质特征：条索紧细微曲，色泽翠绿，满披银毫；汤色黄绿明亮，香气清鲜，滋味鲜醇。

湖北绿茶名品 恩施玉露、峡州碧峰、仙人掌茶、邓村云雾、神农奇峰、采花毛尖等。

恩施玉露产于湖北省恩施市。其品质特征为：外形紧圆光滑，挺直如针，色泽苍翠油润；汤色嫩绿明亮，香气清鲜，有松脂香，滋味鲜爽。

四川绿茶名品 鹿鸣剑毫、蒙顶甘露、竹叶青、文君绿茶、青城雪芽、永川秀芽、渝州碧螺春、缙云毛峰、香山贡茶等。

竹叶青的产地为四川省峨眉山。品质特征：外形紧直扁平，两端尖细形似竹叶，色泽绿润；汤色黄绿明亮，清香馥郁，滋味浓醇。

贵州绿茶名品 都匀毛尖、羊艾毛峰、贵州银芽、遵义毛峰、梵净翠峰、龙泉剑茗等。

都匀毛尖产于贵州省都匀市。其品质特征为：条索卷曲，色泽翠绿，白毫显露；香气清雅，滋味鲜爽。

河南绿茶名品 信阳毛尖、赛山玉莲、太白银毫、清淮绿梭等。

信阳毛尖的产地是河南省信阳市西南部山区。品质特征：条索细圆紧直，色泽黛绿，白毫显露；汤色绿明，香气清幽，带花香，滋味鲜浓。

山东绿茶名品 浮来青、日照雪青、海青峰、崂山茗茶等。

日照雪青产于山东省日照市，是中国最北的茶区。其品质特征为：条索紧细弯曲，色泽苍翠，白毫显露；汤色黄绿明亮，清香持久，滋味鲜爽。

陕西绿茶名品 午子仙毫、紫阳毛尖、秦巴雾毫、汉水银梭、紫阳富硒茶、宁强雀舌等。

午子仙毫产于陕西省西乡县。品质特征：外形扁平匀齐，色泽翠绿鲜润有毫；汤色黄绿明亮；有熟板栗香；滋味醇厚回甘。

此外，还有甘肃省的碧口龙井、阳坝银毫，西藏自治区的珠峰圣茶，云南省的南糯白毫、宜良宝洪茶、景谷大白、大关翠华茶、绿春玛玉茶、苍山雪绿，广东省的乐昌白毛茶、仁化银毫、清凉山茶、古劳茶，广西壮族自治区的桂平西山茶、覃塘毛尖、南山白毛茶、凌云白毫、桂林毛尖，海南省的白沙绿茶、香兰绿茶等。

绿茶功夫

▲信阳毛尖

杭州西湖龙井茶园

绿茶选购

关于购茶，相信人们在长期的生活实践中，肯定有自己认可的常识和习惯，其中不乏真知灼见。比如说"只选对的，不选贵的"，又比如说"合适的，才是最好的"。这样的哲思应用于茶品的选择，也同样合适。比如"只选对的"，要选择适合自己体质的茶类，对人体健康有益的茶类。"合适的"既是对人有益的，也是自己经济能力可承受范围内的。茶无高低，合适自己的便是好茶。

何为好茶？在电影《霍元甲》中，安野先生请霍元甲去喝茶，其中有一段对白颇为精彩。

安：霍先生当真不懂茶？

霍：不是不懂，是不愿懂。我不想把茶分出高低，是茶就好。

安：可是，这茶是有高低不同的品性之分的。

霍：什么是高？什么是低？它们都是生长于自然之中，并无高低之分。在我看来，茶品的上下高低，并不是由茶对我们说的，倒是由人来决定的。不同的人有不同的选择，我不愿做这样的选择。

安：为什么？

霍：喝茶是一种心情，如果心情好了，茶的高低还有那么重要吗？

霍元甲道出了茶的真谛，也对茶作了最客观的评价。大师的境界确实高，然而，我们认真地体会其境，便不难理解"茶无高低"的真义。一个人在喝茶时有一颗单纯的心，活在当下，内心平静，世界一片澄明。解脱了欲望与俗情的束缚，茶与禅便合二为一，茶禅成一味，这应是品茗的最高境界了。

茶无高低之说旨在提醒人们，品茗需要用心，需要撇开世俗的评定，用自己的心灵体会，那些带给我们轻松、愉悦的美好感受的茶品，便是好茶。相对而言，那些令人产生不愉快感受的茶，则是坏茶了，比如变质的、污染物超标的，会对人体健康构成不良影响，不合适的绿茶；还有以次充好、以陈旧绿茶改制冒充新鲜绿茶的，这些不良行为会伤害人的身心。

当绿茶回归到客观自然物，作为茶的种类时，绿茶的品质差别还是比较大的。在这个层面上，我们有一些绿茶选购的方法和原则，供大家在选购茶叶时参考。

◎绿茶选购五法

我们选购绿茶时，可根据绿茶的外观、香气，茶汤的色泽、滋味和绿茶的叶底对绿茶的品质进行鉴定，由此识别茶品的好坏和优劣。

看茶叶外观 绿茶干茶的含水量一般为5%，用手轻握茶叶有微刺感，轻捏会碎，这样的绿茶干燥良好。如果用手重捏茶叶也不会碎，说明茶叶已回潮受软，品质会受影响，但一般绿茶都不用手触碰，因绿茶品饮要新鲜，多用袋装或充氮包装。除了干燥程度，看绿茶的外观，要从茶叶的外形、嫩度、净度、匀度和色泽几个方面观察，因为这几个方面是决定茶叶品质的重要因素。

外形：观察绿茶外形的松紧、整碎、粗细、轻重、均匀程度及片、梗的含量与色泽。

嫩度：茶叶的老嫩与品质有密切关系。凡茶身紧结重实、完整饱满、芽头多、有苗锋的，均表示茶叶嫩、品质好；反之，枯散、碎断轻飘、粗大者为老茶制成，品质次。

净度：茶内含有茶梗、黄片、茶末及其他杂质的程度。杂质含量比例高的，大多影响茶汤的品质。

匀度：茶叶的形状整齐一致，长短粗细均匀、相差甚少者为好。外形条索则随茶叶种类而异。

色泽：凡色泽调和、光滑明亮、油润鲜艳的，通常称为原料细嫩，或做工精良的产品，品质也比较优秀，相反的则较次。各种绿茶都有其标准的色泽，以绿色呈色自然为好。

闻茶叶香气　绿茶以清香为主，干茶多为自然植物的清香之气，如豆香、玉米香、橄榄香等，上品绿茶还有兰花香、板栗香等。茶叶经开水冲泡五分钟后，倾出茶汁，再闻闻其香气是否正常。以令人愉悦喜爱的香气为佳，若有其他不愉快的异味都不好。

观茶汤色泽　绿茶以"三绿"著称，茶汤也为绿色，因茶的不同品种呈现深浅不同的自然绿色。绿茶中的炒青应呈黄绿色，烘青应呈深绿色，蒸青应呈翠绿色，龙井则应在鲜绿色中略带米黄色。如果绿茶色泽灰暗、深褐，质量必定不佳。除了绿茶的标准汤色以外，茶汤要澄清、鲜亮、带油光，若为暗黄或混浊不清，也必定不是好茶。茶汤不能有混浊或者沉淀杂物，毫除外。较细嫩的绿茶，茶芽中毫能使茶汤滋味更丰富、口感更厚重。

尝茶滋味　绿茶以香高、味醇著称，品尝绿茶，以滋味清香、醇和为佳。以少苦涩、让口腔有充足的新鲜香味、甘润又有回味为好茶。上等绿茶初尝有苦涩感，但回味浓醇，令口舌生津；粗老劣茶则淡而无味，甚至涩口、麻舌。喝下好茶的感觉，令人神清气爽、精神愉快。

凡茶汤醇厚、鲜浓者，表明水浸出物含量多而且成分好。

茶汤苦涩、茶梗粗老，表明水浸出物成分不好。

茶汤软弱、淡薄，表明水浸出物含量不足。

看绿茶叶底　看绿茶叶底主要是看色泽及老嫩程度。冲泡之后很快展开，且条索不紧结，茶汤平淡无味，大多是粗老之茶。泡茶后茶叶渐次展开，茶汤浓郁的是幼嫩鲜叶制成。芽尖及组织细密而柔软的叶片愈多，表示茶叶嫩度愈高。叶质粗糙而硬薄则表明茶叶粗老及生长情况不良。色泽明亮而调和且质地一致，表示制茶技术良好。

叶底形状整齐、条索均匀、肥壮为佳，叶底色泽要均匀，碎叶多的为次级品。

以手指捏叶底，弹性强的为佳，表示茶叶幼嫩、制造得宜。可将泡开的叶底倒于掌心，手指轻压感觉柔软有弹性的为好茶。

◎绿茶品质鉴别

从"看茶、闻香、观汤、尝味、看底"五法中，我们可以分辨绿茶的老嫩、品级等次，鉴别出绿茶茶品的好坏和优劣。

新鲜绿茶和陈旧绿茶 新鲜绿茶的外观色泽鲜绿，有光泽，有浓香；泡出的茶汤色泽碧绿，有清香、兰花香、熟板栗香味等，滋味甘醇爽口，叶底鲜绿明亮。

陈旧绿茶的外观色黄晦暗，无光泽，香气低沉，如对茶叶用口吹热气，湿润的地方叶色黄且干涩，闻有冷感；泡出的茶汤色泽深黄，味虽醇厚但不爽口，叶底陈黄欠明亮。

春茶、夏茶和秋茶 春茶外形芽叶壮硕饱满，色墨绿、润泽，条索紧结、厚重；泡出的茶汤味浓、甘醇爽口，香气浓，叶底柔软明亮。

夏茶外形条索较粗松，色杂，叶芽木质分明；泡出的茶汤味涩，叶底质较硬，叶脉显露，夹杂铜绿色叶子。

秋茶外形条索紧细、丝筋多、轻薄、色绿；泡出的茶汤色淡，汤味平和、微甜，香气淡，叶底质柔软，多铜色单片。

高山绿茶和平地绿茶 高山绿茶外形条索厚重，色绿，富光泽；泡出的茶汤色泽绿亮，香气持久，滋味浓厚，叶底明亮，叶质柔软。

平地绿茶外形条索细瘦、露筋、轻薄、色黄绿；泡出的茶汤色清淡，香气平淡，滋味醇和，叶质较硬，叶脉显露。

▼富贵盖碗

瓷质茶叶保藏罐

绿茶保藏

也许大家也曾有过这样的经验：偶得一款上好绿茶，舍不得一个人独自享用，将其束之高阁，只是不时拿出来欣赏。终于有一天，来了三五知己，"有朋自远方来，不亦乐乎"。于是，从高阁拿下珍藏的绿茶，准备与友人共享好茶。这时却产生了遗憾：茶品或因保藏不佳而品质有变，又或者，最讲究新鲜的绿茶已错过了最佳的品饮时间。

因而，对于一个喜爱饮茶的人来说，一定得知道茶叶的保藏方法。因为品质很好的茶叶，如不善加保藏，就会很快变质，颜色发暗，香气散失，味道不良，甚至发霉而不能饮用。

◎绿茶保藏五怕

了解绿茶存放时要注意的要点非常重要，绿茶存放有五怕。

怕潮湿　绿茶的茶叶是一种疏松多孔的亲水物质，具有很强的吸湿还潮性。绿茶的干茶含水量一般为5%，如果超过6%，则容易使绿茶变质。存放绿茶的相对湿度控制在30%—50%左右为宜。

怕高温　绿茶的最佳保存温度为0—5℃。如果温度过高，茶叶中的氨基酸、糖类、维生素类和芳香物质会被分解破坏，茶叶品质自然受影响。

怕阳光　阳光会促进绿茶中茶叶色素及酯类化合物的氧化，也会使绿茶品质变坏。

怕氧气　绿茶富含各种有益物质和较多的维生素，但是这些物质容易与空气中的氧结合，使绿茶茶汤变红、变深，营养价值也大大降低。

怕异味　绿茶容易吸收味道而无法去除，影响茶汤的香气和滋味，品质受损。

针对绿茶保存的五怕，为了防止绿茶茶叶吸收潮气和异味，并减少光线和温度的影响，避免挤压破碎，损坏茶叶的美观，就必须采取妥善的保存方法。

◎绿茶保藏五法

绿茶的保藏，坊间流传的同样有五法。

生石灰保藏法　准备一个陶瓷罐（或用马口铁桶），大小视保藏的茶叶多少而定，要求干燥、清洁、无味、无锈。把未风化的生石灰块装入细布口袋内，每袋重约半公斤。茶叶用干净的薄纸包好，每包重约半公斤，用细绳扎紧，一层一层地放进坛的四周，中央留下空位，放置一袋生石灰，上面再放一包茶叶，如未装满，还可依次再装一两层，然后用牛皮纸堵塞坛口，用草垫或棕垫盖好，这样可借生石灰吸收茶叶和空气中的水分，使茶叶保持充分干燥。生石灰吸潮风化后要及时更换，一般装坛后过一个月就要更换，以后每隔一两个月更换一次。

木炭保藏法 与生石灰保藏法一样，区别在于如果木炭吸潮，要先将木炭烧红，冷却后装入布袋，每袋重约一公斤，每一两个月要把木炭取出烧干再用。

罐藏法 一般嗜好饮茶者或家庭购买的茶叶数量很少，没有必要用坛子保藏，可装入有双层盖的马口铁茶叶罐里。最好装满而不留空隙，这样罐里空气较少，有利于保藏。双层盖都要盖紧，用胶布粘好盖子缝隙，并把茶罐装入两层塑料袋内，封好袋口。另一个办法是把茶叶装入干燥的保温瓶中，盖紧盖子，用白蜡密封瓶口。采取这两种方法，可以较长时间使茶叶品质保持不变。为了泡饮方便，可用茶叶盒少装一些茶叶，每次取用后注意盖紧盖子；绿茶容易受到光线影响，不适宜用玻璃瓶保藏。

冷藏法 绿茶密封收纳于铁罐内或袋内之后，放于冰箱保藏。大量的绿茶应妥善封装后置于冷库低温保藏，这样可长期保鲜。

真空保藏法 真空保藏法是把茶叶装入马口铁罐，焊好接口，用空气唧筒抽出罐内空气，使其成真空状态。充气保藏法是在装茶叶的铝箔袋中填充高度纯化的惰性气体。使用这两种保藏法，在常温下保藏一年以上，仍可保持茶叶的色、香、味。在低温下保藏，效果更好。

保藏时须注意，绿茶在保藏中的含水量不能超过6%，如在收藏前茶叶的含水量超过这个标准，就要先炒干或烘干，然后再收藏。炒茶、烘茶的工具要十分洁净，不能有一点油垢或异味；并且要用文火慢烘，须注意防止茶叶焦煳和破碎，防止柴炭的烟味或其他异味污染。

第三篇 绿茶功夫·茶器篇

捩翠融青瑞色新，陶成先得贡吾君。

巧剜明月染春水，轻旋薄冰盛绿云。

古镜破苔当席上，嫩荷涵露别江渍。

中山竹叶醅初发，多病那堪中十分。

——唐·徐夤《贡余秘色茶盏》

作为茶叶的故乡，中国茶具的历史也非常悠久，茶具文化当属茶文化的重要组成部分。茶具与饮茶方式关系相当密切，一开始，饮茶方法粗放，器具也相当简单，往往与食器、酒器混用。到了唐代，饮茶之风日盛，由粗放转而精工煎茶、煮茶，茶具也趋向专业化与艺术化。

晋以前称茶具，晋以后称茶器；陆羽《茶经》中所列，以采制之器为具，以烧泡之具为器；宋至今则统称茶具。茶具茶器式样以古为繁，以今为简。

历史上最古老的茶具，大约可推陶土制的缶，类似今天四川、云南的烤茶罐，它既可用来煮茶，也可作盛具用。形状古朴，略显笨重粗糙。

西汉以来出现了釉陶茶具，外表光亮平滑，且色彩鲜艳，初现茶具的艺术性。

唐代时，以陶瓷茶具为主，同时贵族、富家也出现了金、银、铜、锡等金属茶具。

宋代斗茶用的茶具，以黑釉盏为主。

元代时青白釉茶具较多，明代中叶出现了紫砂壶。

至清代，广州织金彩瓷、福州脱胎漆器等茶具相继问世。

近代，则有了玻璃茶具和搪瓷茶具。

▲ 树叶壶杯

茶器材质

我国的茶饮器具林林总总、名目繁多、仪态万千，是我国灿烂的茶文化里又一朵娇美夺目的仙葩。现代茶器茶具的主要材质有陶瓷、紫砂、竹木、玻璃及各种复合材料等。

"器为茶之父"，泡什么茶用什么茶具，这也挺有讲究的。泡饮绿茶，特别是名优品种，重点在于欣赏其色绿、形美、汤鲜及新茶香。为了突出绿茶清香鲜爽的特性，针对其色、香、味、形的特点，绿功夫茶器中，绿茶的主泡器具有许多的考究，首先是材质。

▲ 清影杯

◎绿功夫玻璃系列

透明玻璃杯、玻璃盖碗、盖杯

透明玻璃杯、玻璃盖碗、盖杯（泡时不加盖）用于冲泡绿茶非常合适，特别是细嫩名茶，可说是首选。"茶叶绿、汤色绿、叶底绿"，用玻璃材质的茶器冲泡最为相得益彰。透明的玻璃杯，让视线畅通无阻，全方位欣赏绿茶曼妙的姿态，可透过清亮的浅绿茶汤，欣赏茶芽于水中缓慢舒展、轻轻跃动、上下浮沉的动人舞蹈。透明玻璃杯无盖，便于闻香，我们用盖碗或盖杯冲泡绿茶的时候，也不必盖盖子，因为泡后加盖，会产生热汤气，影响茶汤的鲜爽度，也容易将细嫩的绿茶茶叶焖黄。

用玻璃茶器冲泡绿茶，茶汤的鲜艳色泽、茶叶的细嫩柔软、叶片的渐次舒展，都可尽收眼底，这种一览无余的冲泡感受，已上升为一种动态的艺术欣赏。冲泡各类名优绿茶，透过玻璃茶器的晶莹剔透，水中芽叶朵朵、亭亭玉立，澄清碧绿犹如轻纱缥缈，观之令人赏心悦目。

现代玻璃茶器有了更大的发展，工艺的进步使玻璃的质地更光洁、更透明，光泽更璀璨夺目。加上玻璃的外形可塑性强，形态各异，富于装饰性，也不失实用性，深受广大消费者的欢迎。

玻璃茶器之于绿茶，优点是可全面欣赏绿茶的色、香、味、形，以及奇妙的"绿茶舞"，令品茶者身心快乐，获

▲ 荷趣茶碗

得美的感受。小小的不足在于，材质难以长时间地保留茶香。幸好绿茶的香气多属于清香型，且大多绿茶品饮、冲泡的时间不会太长，因而，这个小小缺点也变得无伤大雅，玻璃茶器依然是泡饮绿茶，特别是名优细嫩绿茶的首选。

◎绿功夫陶瓷系列

白瓷、青瓷、青花瓷以及素色花纹的瓷杯、盖杯、盖碗

瓷器的保温性好，沏茶能获得较好的色香味，且造型美观，具有艺术欣赏价值。用白瓷、青瓷、青花瓷及素色花纹的瓷杯、盖杯、盖碗冲泡绿茶，也是很合适的。精致的青瓷能衬托汤色。青瓷是瓷器的起源，由青瓷而发展出了白瓷，之后派生出青花、五彩等。白瓷和青瓷最能代表中国文化的精髓，也符合中国人的审美观念：含蓄、和谐、雍容、精致。

瓷杯适于泡饮中高档绿茶，如一二级炒青绿茶、珠茶、烘青、晒青绿茶，重在适口、品味或解渴。盖碗是清代时发展起来的，口大，揭开杯盖后，茶汤、泡开的叶底都能看得很清楚。杯盖可用于翻赶杯面浮着的茶叶，以便饮用，还可以拿起杯盖，移至鼻端闻香。杯托则可以避免端茶烫手，托着茶杯，使盖碗看起来雅致大方。

壶泡法适于冲泡中低档绿茶，这类茶叶中纤维素多，耐冲泡，茶味也浓。茶壶一般不宜泡饮细嫩名贵绿茶，因水多，不易降温，会焖熟绿茶，使绿茶失去清鲜香味。也有特殊的情况，如猴魁，重在尝茶的甜，用瓷壶冲泡的效果就要比盖碗冲泡的出色。

用瓷器品饮绿茶最大的优点莫过于"扬香"，"因茶择器"此时也变得尤其重要。瓷器材质的表面虽然很紧密，但仍有许多肉眼看不见的微小细孔，可以挂住茶汤，留住茶汤中的香气，这个特征相对于玻璃材质而言，是比较明显的，茶汤滋味也会变得

▲茶器材质——玻璃

更醇厚。当然，这个差别很细微，在某些时候，或者不同的人不一定能感觉出来。在观赏汤色和欣赏绿茶外形方面，相较于全透明的玻璃茶器，瓷器则要通过俯视，才可观赏到茶汤的色泽，以及冲泡后绿茶的舞蹈。所谓鱼与熊掌不可兼得，玻璃和瓷器各具优点，各位可以各取所需。

◎绿功夫紫砂及其他系列

紫砂杯、盖杯

紫砂的优点在泡茶器上表现得尤其突出。明人周高起在《阳羡茗壶系》中说，紫砂能发真茶之色香味；文震亨《长物志》也说："茶壶以砂者为上，盖既不夺香，又无熟汤气。"

对于绿茶来说，粗陶壶、紫砂壶等，适合冲泡火工偏高的炒青绿茶，这种茶香气浓，耐冲泡，正好符合粗陶壶和紫砂壶的特性。这类绿茶在日韩出产较多，因而粗陶也相对流行，尤其是在韩国。芽叶细嫩的绿茶用吸水性和吸香性较高的紫砂壶、粗陶壶冲泡，其清新的香气和鲜

▲ 东道汝窑祥云

爽的滋味可能会弱化。但紫砂能发茶之真味，紫砂就是为茶而生的。用紫砂个人杯、紫砂盖杯品饮或冲泡各种绿茶都是合适的。

我们知道，用塑料或者不锈钢材料直接泡茶会影响茶汤的风味。除了上述主流的玻璃、陶瓷、紫砂以外，其他的材质，是否还有可适用于绿茶冲泡的呢？绿功夫研发团队除了在主流材质茶器的创新工作以外，同时致力于探讨和尝试新材质在茶具上的应用，研究新材质对于茶性的影响。这样的努力，值得期待与关注。

▲越窑古意个人杯

▼紫砂壶和杯

▲ 色土松鹤

▲ 青瓷茶壶系列

茶器选择与搭配

茶文化博大精深，饮茶器具的选择与搭配也是变化多端、奥妙无穷，十分有趣。泡饮绿茶的器具应包括泡茶、品茗的用具，而且不只是壶、杯而已。另外，不同的场合也需要不同的用具。

◎绿功夫基本配备

主茶具：泡饮绿茶的主要用具

多人用 泡茶器：冲泡绿茶时用以浸泡茶叶的器具，如盖碗、茶壶等。绿茶泡茶器的容量以200—350毫升左右的较合适，盖碗也可选择较大容量的，便于绿茶有足够的舒展空间。

品茗杯：泡好的茶汤倒入品茗杯里品饮。绿茶品茗杯不宜太小，一般以50毫升以上的为好。

杯托：承托杯子的器物。

茶海：也称公道杯，将泡好的茶汤倒于茶海，再将茶分倒入品茗杯。茶海的容量应与主泡茶器相当。茶海有时也可作为冲泡器。

熟盂：盛放已烧开的水，用以待凉的器皿，为冲泡绿茶所特有。

泡茶盘：用以承托泡茶器、品茗杯等的用具。现在主流的有竹木茶盘、石头茶盘等，可盛水也可排水。还有小一点的如茶寿、壶承（也有称茶船）亦可。

▲东道汝窑福禄祥茶组

个人用 茶杯：简单的大杯，或加盖，或加把手。可将泡好的茶汤倒在里面，也可以直接用茶杯泡茶。

盖碗：盖碗既可以作为多人用的泡茶器，也可作为个人品茗用具。

个人杯：如单件式的同心杯，内胆可以将泡好的茶叶分离出来。

个人品茗组：由冲泡器和饮杯组成，也可加入滤芯，把泡好的茶叶与水分离。

随手杯：可方便携带的较大容量个人杯，杯盖密封性强。

辅茶具：泡饮绿茶的辅助用具。

茶荷：盛放干茶用，供泡茶的人量茶、识茶，供品茶的人赏茶。

茶匙：也称茶扒，干茶从茶荷入泡茶器时使用，不可直接用手接触绿茶。

茶夹：用于夹取茶叶或取用干净的品茗杯。

茶巾：用以擦拭茶具、吸干残水的织物。

水洗：存放泡完的茶叶和废水的容器。若另备容器专放茶渣则称为"渣斗"。

茶叶罐：盛放绿茶茶叶于泡茶时使用的小型容器。

煮水壶：烧开泡茶用水的器具，如电水壶等。

赏叶杯：用于鉴赏绿茶叶底的器皿。

闻香杯：冲泡绿茶时，可以直接从品茗杯闻茶香，也可以专用一个瓷杯当"闻香杯"用。

茶食碟：盛放茶点心和小食的各式盘子、碟子。

▲青花莲盖碗

▲青花莲茶海

▲现代陶艺四君子杯

◎绿功夫其他配备

有助于营造茶饮气氛，增加品茶乐趣的器具。

香道：熏香、点香、焚香等，用以加强茶饮气氛的器物。

茶花：营造更优雅的品茶环境，摆放的花器、装饰物、插花、植物和盆栽等。

茶乐：适合品茶环境与当时心情的背景音乐等。

书画：统称为茶挂，挂在墙上，增进茶道气氛的字画等艺术作品。

茶器风格

　　绿茶给人的感觉是清新、淡雅、飘逸和悠扬。为充分体现绿茶的这一气质，茶具的选择上也应以清雅为主调，如玻璃杯、白瓷、青瓷、青花瓷、素色花纹等都是不错的选择，图案过分华丽夺目者不宜。注意茶叶罐、水洗、花器等应与主要茶器保持同一风格。

◎全套茶具的观念

　　我们在五花八门、万紫千红的茶具茶器里，挑选适用的茶具时，应有全套茶具的观念。

　　除了绿功夫基本配备里面的主茶具、辅茶具以外，绿功夫的其他配备可自由选择。但是，正是这些配件，如一首合适的音乐、一盆绿意盎然的小植物、一道悠扬的香熏、一幅有意境的小画，便会使我们整套茶器茶具增添无限的气质。这些配件，也要与主题茶具的风格气质相配，才能与之产生和谐之美，使品饮绿茶变得意趣无限。

　　不同的场合，茶器茶具的选配也要有所变化，需要适应当时的气氛和环境。有时候，一个小小的配件，一个有趣的小玩意，便能使茶席充满生气，因而，除却主茶具以外，配件的作用也不可忽视，特别是在茶席设计中，配件的作用更是不可低估。

◎釉色对茶的影响

　　用透明玻璃杯品饮绿茶，最大的优点是可以直观茶汤色泽，很真切。玻璃的透明性、透光性，还原了茶汤真实的色泽。如果用于茶艺表演，玻璃杯在呈现汤色方面，有很好的舞台效果。

　　用瓷器品饮绿茶，瓷杯的釉色对茶汤会有影响，颜色会变得不一样。杯子内壁如果是

▲ 不同釉色对茶的影响

白色或浅色，容易看出茶汤的颜色。从这个角度来说，只要品杯内壁是白色的，外观不管什么样色，都是可行的，只要与主茶具，如壶、盖碗、杯托等协调一致就可以了。客观而言，纯白色最能呈现茶汤的颜色，也可以说，白瓷茶具可适应任何茶类，可以真实地呈现茶汤的本色。就加强茶汤视觉效果而言，例如炒青绿茶，青瓷有助于产生"黄中带绿"的效果。因而，青瓷茶具也是品饮绿茶的极佳选择，于绿茶专用茶器中占有重要的一席。

我们通过试验和比对，发现茶杯的颜色对茶汤色泽的影响是很明显的。就绿茶而言，奶白色的瓷杯容易显得茶汤偏黄；青瓷中的湖水蓝釉色使绿茶的茶汤显得更绿，可以加强茶汤效果；青瓷中的梅子青釉色，则使绿茶的茶汤显得深暗。

梅子青 莹润青翠，色如青梅，质如翠玉。

梅子青是南宋龙泉窑创制的杰出青釉品种。釉色莹润青翠，犹如青梅，故名。梅子青釉面光泽柔和，釉层厚而不流，青翠温润，犹如翠玉。诗人云："如蔚蓝落日之天，远山晚翠；湛碧平湖之水，浅草初春"，她"夺得千峰翠色"，色本自然，有天地之大美；她"温润淳朴色形备"，不必有所附丽；她独立成景又意味深远，美得难以言传。

湖水蓝 蓝白相融，宛若晶莹如玉的湖面。

湖水蓝的釉色介于蓝白之间，蓝中泛白、白中闪蓝，莹润精细，晶亮透彻，宛若晶莹如玉的湖面倒映出的蓝天白云，蓝得温柔恬适，白得温婉柔和。那灵动的气泡如攒珠点缀其间，越发地动人心弦，称之"假玉"而尤不能现其美；所刻花纹构图简练，给人以雅致之感，迎光照之内外皆可映见；不同器形的釉色堆积或浓或淡，或深或浅，极具变化，可谓奇趣无穷。

▲ 树叶茶壶（梅子青）

▲ 树叶盖碗（湖水蓝）

品茶环境

"洁性不可污，为饮涤尘烦。"韦应物在《喜园中茶生》这样描述茶的至圣、至洁。品茶也一样，需要洁净、雅致的环境。从一杯清茶中，细细品味出空灵淡泊、优雅脱俗和纯真清傲，品茗已然成为一种生活态度，一种精神追求。

◎意境

前文提及，东方人看待人与自然、人与物，物与自然三者的关系时，是以一个整体的观念去构建的。人与物一样，是自然界的一部分，是相互依存的统一体，"天人合一"是最高的境界。中国自古以来，对品茶的环境非常讲究，或清风明月、松下竹旁，或溪边池畔、小桥流水，又或草屋茅舍、琴棋书画，幽居雅室，

▲绿意个人休闲品茗组

这样的饮茶环境，追求一种天然的情趣和文雅的气氛，与自然、与人相互和谐，成为一个统一体。

中国的茶文化，与哲学息息相关。茶，渗透了儒、佛、道的思想精髓。"物我相忘、人我相安"，成为品茶意境的追求。在清幽寂静的环境中，儒家的仁义礼信、佛家的静虑修身、道家的虚静缥缈，也在此情此景中熏陶着品茶者。

茶可独酌，也宜共饮。我们怀抱一颗安静的心，一种淡淡的情怀，用随遇而安的态度，面对周围的环境。面对自然中的一事、一物，以豁达的心包容一切，我们便能感受得到品茗的快乐。茶的清幽空寂、至真至味也自然而然地显现出来，让品茶的你我为之感动。

◎时境

时间、人物、地点，都可构成一个环境，明代许次纾在《茶疏·饮时》中讲到适合品茗的时间有二十四种之多，我们也可由此体会一下品茶的时境。

心手闲适：心上无事，手头也无杂事，没有烦扰的有闲时候。

披咏疲倦：读书咏句，感觉疲劳的时候。

意绪纷乱：心情有点烦，意绪纷乱的时候。

听歌闻曲：听歌的时候，或者欣赏到一首好曲的时候。

歌罢曲终：听完歌，好曲终了的时候。

杜门避事：闭门静思，谢绝一切社交拜访的时候。

鼓琴看画：弹琴的时候，看画的时候。

夜深共语：深夜里，与友人共话的时候。

明窗净几：窗户明净，屋内也整洁的时候。

洞房阿阁：新婚之夜。

宾主款狎：宾主关系融洽的时候。

佳客小姬：知心的异性朋友。

访友初归：外出访友刚回来的时候。

风日晴和：风和日丽、天气晴和的时候。

轻阴微雨：小阴天，外面飘洒着轻轻的细雨的时候。

小桥画舫：有小桥，和装饰华丽的画舫的地方。

茂林修竹：有茂密的树林，修长而高大的竹子的地方。

课花责鸟：修剪花草，和逗鸟儿的时候。

荷亭避暑：在荷花池上的凉亭避暑的时候。

小院焚香：小小的院落里，焚香的时候。

酒阑人散：聚会畅快地饮酒后，人们都渐渐散去，剩下三两个知己的时候。

儿辈斋馆：和儿女后辈们一起，在素食馆内的时候。

清幽寺观：清静幽雅的寺观内。

名泉怪石：有名的泉水，和造型古怪的异石之处。

▲绿茶茶席——树叶盖碗

由许次纾的品茶二十四时，我们可以看出，品茶的时间其实没有特定的要求，几乎随时都可以，只要有兴致，有品茶的雅兴。兴之所至，便随兴而来。没事得闲的时候，来一杯茶；读书倦了，喝一杯茶；最近有点烦，那就喝杯茶吧；听歌的时候，听完歌的时候，我们都可以喝一杯茶；在家静思，以茶相伴；弹琴、看画，最好有一杯茶；天气晴好，我们喝茶去；天下雨了，我们也喝茶；无论是荷亭还是小院，在斋馆里还是寺观中，我们喝茶……品茶的时境，确实无限，我们有了品茶的雅兴，便随时随地可以营造品茶的环境，并将自己融入这样的时空里。

◎ 心境

明代茶艺行家冯可宾在《岕茶·茶宜》中为品茶的心境设定了十三个条件，他说，茶宜"无

▲ 品茶环境

事、佳客、幽坐、吟咏、挥翰、徜徉、睡起宿醒、清供、精舍、会心、赏鉴、文僮"。十三个条件中，他把"无事"放在了首要的位置。说的是神怡心闲，悠然自得，无牵无挂，无忧无虑。品茶的人不仅要有宽裕的时间，还要有"无欲无求"的心态，功名利禄、声色犬马于我如浮云矣。希贵希富希官希达之人，绝没有"无事"这个条件。

除却心中"无事"，内心的平静也是品茶必要的心境。品茶的环境要清幽静雅，品茶人的内心更要清净。周作人在他的散文《喝茶》中这样说："喝茶当于瓦屋纸窗下，清泉绿茶，用素雅的陶瓷茶具，同二三人共饮，得半日之闲，可抵十年的尘梦。喝茶之后再去继续修各人的胜业，无论为名为利，都无不可，但偶然的片刻优游乃正亦断不可少。"我们品茶的时候，心境会因人、因时、因事、因境而有所不同，保持内心的闲适、宁静、空灵，用如此心境品茶的人，才会品出茶的真谛与情趣。

唐代诗人杜荀鹤有诗最妙："刳得心来忙处闲，闲来方寸阔于天；浮生自是无空性，长寿何曾有百年。罢定磬敲松罅月，解眠茶意石根泉；我虽未似师披衲，此理同师悟了然。"我们生活在这个世界上，每天有忙不完的事情，为名忙、为利忙，不忙的时候，且静下心来细细地品茶。当我们的心静下来以后，那方寸大小的心便会变得比天空还要辽阔了。

现代人喝茶，也是寻找一种内心的平静吧？

我们借以一杯清茗，喝下一种心境；我们借以清幽洁净的品茶环境，滤去浮躁，沉淀思绪，感觉身心都被净化。明人徐渭说："品茶宜精舍，宜云林，宜磁瓶，宜竹灶，宜幽人雅士，宜衲子仙朋，宜永昼清谈，宜寒宵兀坐，宜松月下，宜花鸟间，宜清流白石，宜绿藓苍苔，宜素手汲泉，宜红妆扫雪，宜船头吹火，宜竹里飘烟。"这是何等的精致清雅。

对于寻常百姓而言，或出游时小憩品茗，尽扫旅途疲倦；或在闹中取静、街头巷尾的茶馆里点茶一壶，偷得浮生半日闲，自得其乐；或是寒冬雪夜在家中，与二三知己围炉而坐，煮茶长谈，宾主两欢。

家庭饮茶，如果有能力专辟一处，用心打造一个适宜品茗的茶室，当然是最好不过了。但如能在家里为饮茶创造一方整洁的角落，也是很不错的。比如阳台、窗前、客厅或卧室的一角，我们摆上一个茶几、几把椅子。摆上绿色盆栽、小植物，或别有心思的插花，墙上挂点字画，就可以营造一个很随意却又很有氛围的品茶环境了。家居品茶环境可因户而异，住在底楼有小院，可于院中葡萄架下设竹几竹椅以供品茶；住高楼而又无大空间者，一桌一椅，清茶相伴，也是一份难得的心境。把室内的物品摆放整齐，窗明几净，同样也能造就令人赏心悦目的品饮场所。

我们走向大自然，沐浴在阳光下，和着清风品茗，也是人生一大乐事！寻找林中一片绿阴，一方洁净的青草地，一处溪谷边的清泉，一块奇异的大石，一处幽深的竹影，铺就我们或简单随意，或精心准备的茶席。在如此这般的品茶环境中，我们不想功名，不思利禄，享受一杯绿茶，享受身心净化后的快乐。

三间茅屋，十里春风，窗里幽兰，窗外修竹……

▲ 整套茶席的观念

茶席设计

茶席，也是一方品茶的环境。茶的禅思意境，茶的二十四时境，还有茶的清静心境，浓缩为一席，经由席上的器物、配件表达出来。营造茶席的空间，就像经营一片画意，其间有许多的设计，有许多的创意，为品饮绿茶增添别样的滋味。

茶席设计不仅可以自得其乐，还可以引人入胜。

我们通过自己的双手，用自己的心思，对茶品的理解，对美的感受，来布置一个宁静幽美的茶席，用以招待客人。我们在茶席中挥洒着创意，随着心情，随着主题，将茶具、茶点、花艺、席面在方寸之间铺展开来，此中便有了真意。客人在享用茶汤之前，浸润在茶席的氛围中，把心情从匆忙的节奏里沉淀下来，再细细地品尝茶汤，就能享受品茶的意趣。再为此席配上合宜的背景音乐，静止的茶席便灵动起来。

一方好的茶席，茶是它的灵魂，茶器茶具是它的主体。当茶香弥漫，充满空气里的每个粒子时，我们洒下的幸福感也随之被愉快地充盈。

一方好的茶席，视觉上的好看是它的主体，泡出的茶汤好喝是它的灵魂。茶席中的各式茶器茶具互相搭配恰到好处，具有美感，同时，茶具的搭配选择还要考虑实用性。能泡出令人感动的茶汤，才是有生命的茶具。摆设上，合理、顺手、好用是原则，使泡茶的动作能够流畅无碍。选择、搭配茶具和设计茶席，同样需要兼顾实用性和美感。

◎绿功夫茶席必备

1.开水壶 2.水注 3.熟盂 4.泡茶器（如用盖碗则要配公道杯，如用茶壶则要配盖置——用来放壶盖的器具） 5.品杯 6.杯托 7.渣斗 8.茶荷 9.茶扒（或茶夹） 10.赏叶杯 11.闻香杯 12.茶叶罐

美感的获得，作为茶席中的主体，茶器茶具之材质美、器形美、装饰美、色彩美固然重要，而茶席配件在美感中所起的作用同样是不可忽视的，小到一块茶巾、一个小茶宠，大到一幅茶挂、一盆茶花、一道香熏，茶席的生气、意趣，甚至主题，便经由这些配件艺术得到无限的放大和延伸。

茶席于我国唐代时便有，有一群诗僧雅士，在大唐盛世的背景下，在大自然中开始了对中国茶文化的悟道与升华。宋代时，一些取型捉意的艺术出现在茶席上，此时的插花、焚香、挂画与茶，被合称为"四艺"常在茶席间出现。明人冯可宾的"茶宜"中"清供"与"精舍"说的便是茶席的摆设。

"四艺"作为独立的艺术形态，各具深厚的历史底蕴和丰富内涵，也各自有一套并不简单的门道。焚香有香道、插花有花道、书画有书道，我们掇拾其中与茶相关的部分，仿佛只是大树的一枝一叶，呈现给大家。

◎绿功夫茶席艺术

香道 "焚香引幽步，酌茗开净筵。"香道是关于香气的艺术，宋代诗人苏轼用这句诗，形象地描绘出当时把盏闻香的意趣。把盏品茗我们并不陌生，一缕馨香的意味似乎渐行渐远了，香道反倒成了邻国日本的传统文化。

闻香文化唐代时由鉴真和尚传到日本，因此香道发端于礼佛进香的仪式，后来兴盛于贵族的厅堂，他们学着中土唐人的样子，举行"香会"、"赛香"等鉴赏聚会。到了东山文化时期，焚烧香料并感受其气味的一套仪式逐渐形成香道，并经过和风的熏陶而形成一种日式风习。香道讲求静观不语，与茶道细细体味的意境不谋而合。人们从袅袅升起的轻烟中，静静地感悟人生，体会世事无常和欢欣。

中国的香文化，历史悠久得可与中华文明比肩。从史前遗址的燎祭遗存，和早在6000多年前城头山遗址的祭坛，到4000多年前龙山文化及良渚文化的陶熏炉，3000多年前殷商时期的"手执燃木"祭礼，还有战国时期的鸟擎铜博山炉和2000多年前汉武帝的鎏金银竹节熏炉。这些香事、香物，与历史一同沉淀了千年。焚香从最早的祭礼供佛，逐渐发展演变而进入贵族士大夫阶层，至唐、宋时达到高峰，历经了元、明、清三代后，便成为一种休闲养生的精致生活。香道分为供于神佛前的"供香"、焚于礼堂和室内的"空香"、多人香会的"玩香"三种，一般我们所称的香道是最后一种。

品香的工具精致讲究，种类繁多，茶道中使用的香道用具：

在户外布置的茶席

香炉：用以点燃香料的熏香炉，或让香料自然散发香气的空熏炉。

香立：供香站立的台式炉具或小器物。

香盒：存放香料，用以点香的盒子。

香筒：存放线形香的筒。

香夹：夹住线香或盘香，让香在空中燃点的器物。

香篆：用以规范香末，印香的模子，可将烟灰铺成连续线状的图案。

香匙：挖取香末用。

香拂：刷净香篆上香末与香灰的刷子。

点香巾：摆置香具，用以点香的织物。

香案：陈放香炉的几座或台子。

香橱：陈放香具的大小橱柜，平时储放与点香时使用。

品香是一门艺术，以熏点香料、涂抹、喷洒等方式，产生的香气、烟形，而置人于愉快、舒适、安详，或兴奋、感伤的气氛里，已不单纯只求香气了。香道融合儒道思想，结合品评审美，从而达到静心契道，身与心的调合。品香之后，用毛笔在狭长的香笺上写下心得与感受，用富有诗意的想象力和灵敏的感官，记录下那一缕捉摸不定的香的气息。

明窗延静昼，默坐消诸缘；即将无限意，寓此一炷烟。

当时戒定慧，妙供均人天；我岂不清友，于今心醒然。

炉香袅孤碧，云缕霏数千；悠然凌空去，缥缈随风还。

世事有过现，熏性无变迁；应是水中月，波定还自圆。

——宋·陈去非《焚香》

茶花　茶花是茶道和茶席设计中的重要组成部分，插花艺术是一门深奥的学问。茶席中的插花以简洁雅韵为宜，可以配合茶席的主题，或适应四时之景而设。插花的作用主要是提升品茶环境，烘托茶席的氛围。可以专门为一次茶事活动精心准备插花，也可以随意摆放一些小植物，一株绿色的花草、一盆绝妙的小盆栽等，为茶席增添一抹生动的大自然气息。

茶道中对器物的艺术欣赏也很重视，插花花艺有时候也会以花器为主，重点突出插花用的花瓶、花盆、吊篮等器物的美感。

花道的形成与发展，与香道颇为相像。古人在佛前供奉人工制的莲花，随着佛教从中国传至日本，供花的仪式也同时传入日本。日本人素有将天然花草放入器皿中装饰的爱好，自然地把人工制的供花改为用天然花草替代。在平安时代，贵族将唐代流行的"斗草"技艺仪式化，逐渐演变成花道。

插花刚开始并无章法，只是随意地将花草放入花瓶，称为"投入花"；到南北朝时代，出现把开着花的枝条垂直插入花瓶内的"立花"；此后，不再仅供花，而是成为贵族厅堂的摆设。至室町中期，大德寺一休和尚的弟子珠光，在草庵的小屋内设置茶室，并用投入花装饰茶室。从此，茶花成为茶室内插花的统称，后来日本茶道宗师千利休使其普及。立花过于豪华，茶花比较平民化，现在最为人称道的"生花"出现于江户时代（17世纪），是在儒家思想影响下产生的。"生花"讲究"三才五行"，以天、地、人，金、木、水、火、土来命名花形，还采用了矫枝技术，使花草树枝呈现曲线美。

现代的插花艺术，不再有条条框框的限制，用于茶席或茶室中的插花，更讲求美感的表现和与茶的协调。当普通的插花行为形成一种花道后，在学习技艺的同时，更重要的是品行人格的内在修养。

茶乐 音乐不分国界和民族，音乐的魅力自不必赘述。

一方静室，一曲古韵，手持一杯清茗，移情遣意，无限的幽思，和着茶香与清音飞散起来，这又是何等的清雅！茶人饮茶时伴以音乐，是一种高雅的精神享受。唐代诗人白居易有一首著名的诗《琴茶》，"琴里知闻唯渌水，茶中故旧是蒙山"，

▲绿茶一杯

▲四季系列

琴音与绿茶，自古便是一对良伴，一双益友。饮茶时听音乐，能益茶德，能发茶性。品香茗同时品音乐，真正地放松自己，放飞自己的心灵，在无我的境界里自由自在。

书画 说到书画艺术，其中的学问更是玄奥无穷了。

历史上有名的才子唐伯虎，书、画、文俱佳，他曾写下一首诗："书画琴棋诗酒花，开门七件人人夸。而今有酒独自饮，奈何无人对诗话。"清代查为仁《莲坡诗话》中收录了一首诗，也谈到相同的话题："书画琴棋诗酒花，当年件件不离它。而今七事都更变，柴米油盐酱醋茶。""书画琴棋诗酒花"，这边厢写的是惬意的精神生活，高雅而浪漫；"柴米油盐酱醋茶"，那边厢写的是实实在在的琐碎生活，物质而现实。

这两种截然不同的生活方式，两两相对得颇为有趣，想过哪一种生活，就看自己的追求了。不过，当今的茶生活，已不是柴米油盐的茶生活。品茗结合多种的艺术形式，香道、茶花、茶乐，

手绘拉丝四君子杯组

还有书法绘画，提升了品位，也变得浪漫高雅，变得无比的"诗酒花"。

◎茶席中的禅意

设计一个茶席的时候，要考虑色彩、材质、造型等要素，还要把不同的器具、织物、茶花等调和成一个整体，使这些不同的元素组合成一片和谐的画意，营造出丰富的审美效果。不同主题的茶席，以不同的器物、配件组成，在主人不同心情的设计下，颇有一期一会的禅意。

从那一刻开始，物、事、人、景都是不可再现的。在茶席的每一分钟，无论是茶艺、陶艺、花艺、香道、书法，都是一期一会。即便人与人多次相会，每一次茶事也是唯一的，每一秒钟都不可能重来。茶席上那一刻的香气，花朵那一刻的容颜，人们那一刻的情感和怀思，都是不可重来了。

说起来，似乎有些忧伤，但是，一期一会教会我们的，绝不是忧伤，而是珍惜的心。珍惜这一次茶席、这一次聚会，和这一刻的情怀，用认真的态度换取心灵的享受。

第四篇　绿茶功夫·冲泡篇

坐酌泠泠水，

看煎瑟瑟尘。

无由持一碗，

寄与爱茶人。

——唐·白居易《山泉煎茶有怀》

泡茶用水

"器为茶之父，水为茶之母"。明人许次纾在《茶疏》中不仅描述了适合喝茶品茗的二十四时，亦讲述了水于茶的重要性。他说："精茗蕴香，借水而发，无水不可与论茶也。"茶、水、器之间的关系，可谓相互依存，互为作用。我们有一泡好茶，选择了合适的茶器，使茶叶尽情舒展与释放，而水作为茶的载体，水性对茶性的影响至关重要。如张大复所说："茶性必发于水，八分之茶遇十分之水，茶亦十分矣；八分之水试十分之茶，茶只八分耳。"

◎软水和硬水

好茶还需好水泡，水质的好坏直接影响茶汤之色、香、味，尤其对茶汤滋味影响更大。绿茶的滋味属于清、鲜类，不会太浓烈，因此，好的水质更能发挥绿茶的滋味。古人对于泡茶用水是十分注重的，由此，也总结出一些"好水"的特征。水质要清、活、轻，水味要甘、冽。泡茶用水，以天然水为最佳，如山泉水、溪水、井水等，陆羽在《茶经》中曾明确指出："山水上、江水中、井水下。"

天然水有软水、硬水之分。天然水中，雨水和雪水属软水，泉水、溪水、江河水属暂时硬水，部分地下水属硬水，蒸馏水为人工加工而成之软水。水中所含钙、镁离子较多的硬水，会影响水的酸碱度，当酸碱度大于 5 时，茶汤色泽会加深；达 7 时，茶中的茶黄素会自动氧化损失。另外，水的硬度还会影响茶叶中有效成分的溶解，使茶的滋味淡薄。因此，泡茶要选择软水，或暂时硬水通过煮沸，转化为软水。

现在我们泡茶，一般用自来水煮沸后冲泡，有条件或讲究一点的，则选用矿泉水、蒸馏水或纯净水，水无杂味，也很方便。矿泉水、纯净水是泡茶的好水，无污染的天然矿泉水相当不错。但要注意并不是所有天然泉水都是优质的，因水源和流经途径不同，其溶解物、含盐量与硬度都有很大的差异，要注意识别。古人推崇的雨水、雪水，如今因为环境的污染，已不属于好水。纯净水有的时候因为太干净、太纯净，水中有害物质和有益物质同时都被净化了，反而不如自来水好喝，但前提是自来水需经处理。

我们平常用的自来水多来自江河，属于暂时硬水，可以用一些简单的小方法，使其软化而适用于泡茶。

直接煮沸 对于水质较好的自来水，如远离人口密集之地的江、河、湖水，简单煮沸即可。

静置后煮沸 如有条件可将自来水静置约 20 小时左右，水中的消毒气味即可挥发。静置时要注意容器洁净，防止细菌滋生，并且避免阳光直射。这样静置过后的水没有杂味，适宜泡茶。

加入竹炭煮沸 取普通的自来水，放入竹炭同煮，竹炭可以吸附水中的杂质和杂味，又能保留水原有的味道，泡茶很是合适。竹炭还可以反复使用数次。

古人对于泡茶用水的考究和细致，唐人张又新在《煎茶水记》中作了详尽的记载。他根据陆羽《茶经·五之煮》，略加发挥，尤重水品。文中详细列出刘伯刍所品的七水和陆羽所品的二十水，给泡茶用水排出了优劣次第。

现代人泡茶煮水同样也是很讲究的。比如韩国人用玻璃壶煮水，水中放入银砂，让水的口感变好。也有用手工铁壶煮水的，在日本非常流行，但要注意，手工制作的铁壶煮水不宜冲泡绿茶，因为水中的铁元素会使绿茶的茶汤发黑。现代有解决的方法，就是将铁壶内壁经过特殊处理。我们中国古人用炭炉烧水，特别是用天然的橄榄炭，煮出来的水有香味，泡茶非常好。

◎水的"老"和"嫩"

泡茶用水，先要注意水质的软硬程度，还要讲究煮水的程度。煮水的"老"、"嫩"会影响开水的质量，导致茶汤的滋味有差异。一般来说，水"老"了"嫩"了都不合适。煮水过"嫩"，暂时硬水中的钙、镁离子未能沉淀，达不到转化为软水的目的。但是久沸的水，由碳酸盐分解而溶在水中之二氧化碳气体会散失，用这样的水泡出的茶汤鲜爽度也会减弱。另外，久沸的水，使水中的微量硝酸盐在高温下还原为亚硝酸盐，沸腾蒸发水分，其浓度便不断提高，对人体健康不利。因此，泡茶用水注意避免久沸和反复烧煮，隔夜开水也不宜复烧再用。

如何辨别水的"老"、"嫩"程度，用合适的沸水冲泡品茗呢？参照前人的经验，不失为一种好方法。陆羽在《茶经》中这样描述："其沸，如鱼目，微有声，为一沸；缘边如涌泉连珠，为二沸；腾波鼓浪，为三沸；已上，水老，不可食也。"茶圣教我们可以从外观和声音辨别水的"老"和"嫩"，也即沸滚程度。初沸的水冒出看似鱼眼，连珠般大小的气泡，直到如腾波鼓浪，水汽全消的时候才是真正的纯熟。水的响声如初声、转声、振声、骤声皆为初沸，到水没有响声时才是纯熟。还可以从水的冒气情况辨别，气浮一缕、二缕、三四缕，及缕乱不分，氤氲乱绕则都是水刚开的样子，要气直冲方是纯熟。由此可见，水要急火猛烧，待水煮到纯熟即可，切勿文火慢煮，久沸再用。

有了前人的经验和方法，我们冲泡绿茶时，便懂得选用合适的水，并懂得煮水的程度。茶的滋味，在这样的水中可得到最佳的诠释，应了那句话："八分之茶遇十分之水，茶亦十分矣。"

▲虎跑泉

泡茶要素

　　大家生活中都有这样的经验，同样的食材、配料，同样的烹调方法，不同的人下厨，会煮出不同的味道。泡茶也一样，即使我们用相同的材料、相同的茶器茶具，甚至同样的方法，不同的人也会泡出不一样的味道来。

　　这是为什么呢？烹煮食物，不一样的火候，对菜品味道的影响就会很大，我们不难明白其中的原因。每个人的口味不同，地域因素的影响和做菜习惯的不同，均会影响菜品最终的味道。泡茶和烹饪菜肴有着相似的地方，个中的原因并不玄妙。从冲泡技术的角度看，同一种茶叶，泡茶的要素决定了茶汤的滋味，每个人泡出来的茶汤滋味不同，是因为每个人泡茶的手法和对这三要素掌控的差异，形成茶汤的区别。

　　茶叶冲泡包含三个要素，第一是茶叶用量，第二是泡茶水温，第三是冲泡时间。这三个要素共同发挥作用，影响最终茶汤形成的风味。每一种茶类，泡茶的要素都不尽相同。前文提及，绿茶品类异常丰富，泡茶要素也会因茶品不同而异。但是，基本的参数还是可以应用于普通的绿茶。

　　绿功夫是绿茶的专家，在冲泡方面，绿功夫有一套标准的泡茶建议，教你泡出好喝的绿茶。

◎绿功夫三要素

　　茶叶用量　以 200 毫升水冲泡 3 克干茶为适中，冲泡出来的茶汤浓淡适中，口感鲜醇。按照这样的比例，大概 1 克干茶，需要水量 50—80 毫升，这样的范围内都是可以的。当然可根据自己的口味和喜好灵活调配，喜浓饮者可略多加茶，喜淡饮者可略少加茶。

　　泡茶水温　冲泡绿茶的水温要因茶而异，普遍来说 80℃为宜。因为优质绿茶叶绿素在过高的温度下易被破坏变黄，同时茶叶中的茶多酚类物质也会在高温下氧化，使茶汤很快变黄，很多芳香物质在高温下也很快挥发散失，使茶汤失去香味。根据绿茶的嫩度，越嫩的茶叶温度应稍低，75℃左右；而较粗、老的茶叶则可适当提高水温，90℃左右。如果以功夫法品饮绿茶，按普遍冲泡三道为宜，每道茶使用的水温也有区别，第一道 70℃左右，第二道 85℃左右，第三道 90℃左右。同样应以茶叶的嫩度灵活调整水温。

　　冲泡时间　绿茶以新鲜喝为好，按以上的水温，绿茶一般浸泡 1 分 30 秒左右，滋味及茶叶中的内含物质就可释出，喜欢浓饮者可浸泡时间稍长。如用功夫法品饮绿茶，则平均每道茶浸泡的时间约 1 分 30 秒左右，三道茶共约 5 分钟左右。冲泡后的绿茶越快喝完越好，因茶汤中的多酚类物质和抗氧化自由基等有益物质，会随着暴露在空气中的时间加长而氧化散失。

◎绿茶基本冲泡方法

掌握好绿功夫三要素，是冲泡绿茶的关键。冲泡绿茶的方法有很多，无论何种冲泡方法，都离不开绿茶的基本冲泡方法。

上投法 先一次性向泡茶器内注足热水，待水温适度时投放茶叶。简单说来就是：先水后茶。

上投法多用于细嫩炒青（如特级龙井、特级碧螺春、特级信阳毛尖、六安瓜片、老竹大方等）、细嫩烘青（如竹溪龙峰、汀溪兰香、黄山毛峰、太平猴魁、敬亭绿雪等）等细嫩度极好的绿茶。此法要求水温掌握得非常准确，越是嫩度好的茶叶，水温要求越低，有的茶叶可等待至 70℃ 时再投放。

中投法 投放茶叶后，先注入三分之一热水（尤其是对于刚从冰箱内取出的茶叶），谓之"润茶"。待茶叶吸足水分，舒展开来后，再注满热水。投放顺序为：茶－水－水。

中投法适用于虽细嫩但很松展或很紧实的绿茶（如英山云雾、竹叶青、婺源茗眉）。

下投法 先投放茶叶，然后一次性向茶杯（茶碗）注足热水。此法适用于细嫩度不高的一般绿茶。投放顺序与上投法刚好相反：先茶后水。也可投放茶叶后，先用少许可饮用的常温凉水浸泡两三分钟，使茶叶吸足水分，充分舒展，再将热水一次性注足。此时的热水温度可以略高至 85-95℃。冬天刚烧开的水也可以。此法被称为先凉后热法，适用于冲泡各级嫩度的茶叶，但要掌握得恰到好处。

▼玻璃芙蓉盖碗

绿功夫冲泡方法

　　在六大茶类中，绿茶的冲泡看似简单，实则极需功夫。绿茶讲究色、香、味、形，一杯上好绿茶，要求叶嫩绿、汤明亮、味清香鲜爽。绿功夫在绿茶基本冲泡方法的基础上，针对绿茶的特性，以不同的绿茶品种和茶叶的鲜嫩程度，使用不同的冲泡和品饮绿茶的方法。这些方法，继承传统，开拓创新，讲求健康、科学地品饮绿茶，亦提倡一种现代、创新的绿茶生活方式，体现了绿功夫不同凡响的功夫。

◎绿功夫核心理念之赏、品、玩

绿功夫之赏

　　绿茶与其他茶类的最大区别在于其观赏性。

　　使用通透材质的茶器冲泡绿茶，茶汤的鲜艳色泽、茶叶的细嫩柔软、叶片的渐次舒展，都可尽收眼底。一览无余的冲泡感受，上升为动态的艺术欣赏。

▲绿功夫之赏

▼绿功夫之品

▲绿功夫之玩

茶器的美感，也是赏的一部分。

绿茶无论扁平如叶、卷曲如螺或尖细如针，在热水的浸润之下，无不仿佛重新获得生命，翩然起舞。绿茶曼妙生动的舞姿映衬出玻璃茶器的莹亮透明，饮茶者尽可边喝边赏，既赏茶舞，也赏佳器。

绿功夫之品

品绿茶真滋味

品审美情趣——茶器好看；

品使用功能——茶器好用；

品文化内涵——茶器品位；

品艺术表现——茶器个性。

分享、共享

中国历史上各种喝茶的方法，都讲求精华均分，无论煮茶法、点茶法、泡茶法均如是。好的东西，共同创造，也共同分享。

绿功夫之玩

玩茶的滋味变化——味觉；

玩人与物的对话——触觉；

玩茶器的趣味性——感觉。

◎绿功夫核心理念之茶水分离

中国绿茶传统的品饮方式

中国饮茶史上三颗璀璨的明珠：唐代煮茶、宋代点茶和明代泡茶。传至当代民间，绿茶的泡饮方法也是多种多样，多姿多彩。

壶泡绿茶

有的地方仍沿用蜂窝煤炉煮水，用保温杯泡饮绿茶。

杯泡绿茶

大多地方使用敞口玻璃杯或者瓷杯泡饮绿茶。

用杯子泡绿茶，有使用各种材质如不锈钢、玻璃、紫砂的带盖茶杯。此外，还有玻璃旋盖的、复合材料制作的茶杯等。

中国绿茶传统的冲泡方法

瓷杯品绿茶　适于泡饮中高档绿茶，如一二级炒青绿茶、烘青绿茶、晒青绿茶之类，重在适口、品味或解渴。观察茶叶的色、香、形后，入杯冲泡。可取上投法、中投法或下投法，用95-100℃初开沸水冲泡，盖上杯盖，以防香气散逸，保持水温，以利茶身展开，加速下沉杯底，待三五分钟后开盖，嗅茶香，尝茶味，视茶汤浓淡程度，饮至三泡即可。

玻璃杯泡绿茶　适于品饮细嫩的名贵绿茶，便于充分欣赏名茶的外形、内质。泡饮之前，先欣赏干绿茶的色、香、形，再嗅绿茶香气，或奶油香，或板栗香，或锅炒香，或不可名状的清鲜茶香……充分领略各种名茶的地域性的天然风韵，称为赏茶。采用透明玻璃杯泡饮细嫩名绿茶，便于观察茶在水中的缓慢舒展、游动和变幻，人们称其为绿茶舞。

茶壶泡绿茶　一般不宜泡饮细嫩名绿茶，因水多，不易降温，会焖熟绿茶茶叶，使绿茶失去清鲜香味。壶泡法适于冲泡中低档绿茶，这类茶叶中多纤维素，耐冲泡，茶味也浓。泡茶时，先洗净壶具，取绿茶入壶，用100℃初开沸水冲泡至满，三五分钟后即可倒入杯中品饮。

传统绿茶冲泡方式有何不足　绿茶是国内销量最大的茶类，日常生活中酷爱喝绿茶的人比比皆是。不过，虽然喝绿茶者甚众，懂得如何冲泡的却不一定多。随手抓起一把绿茶放进瓷壶、玻璃杯或马克杯中，然后将滚烫的开水注入，反复冲泡，此场景屡见不鲜。然而，如此冲泡对以色、香、味见长的绿茶却是一种损伤，对饮用者而言，也难以喝到好茶，喝出健康。传统的绿茶冲泡法已需纠偏补弊。

采用传统绿茶冲泡法，茶叶长时间浸泡水中会有以下缺点：

1. 长时间浸泡的绿茶，茶汤过浓，苦涩感强，滋味较单一。

2. 长时间浸泡，有益物质易被氧化，再经续水后，滋味淡薄，不耐冲泡。

3. 难以喝到绿茶的真滋味，尤其对于等级较高的绿茶，是一种浪费。

4. 长时间浸泡，容易把一些不利健康的成分浸出。

▼黄山毛峰叶底

◎茶水分离法

茶水分离是恒福绿功夫倡导的绿茶健康品饮法，每一道茶冲泡后，将茶汤沥出至公道杯或品尝杯中品饮。茶水分离法，讲求每一道茶冲泡出不同的滋味，因而每一道茶的水温和浸泡时间都有所区别。科学的用水温度和冲泡时间如下：

第一道：水温75℃左右，时间约1分钟。低水温让茶叶中的氨基酸能溶出，而且控制茶多酚的释出，使茶汤口感鲜爽。

第二道：水温提高至85℃左右，时间约1分20秒。水温提高让茶叶扬香，并释出茶多酚，可喝到茶的真味。

第三道：水温可适当提高到90℃，时间约1分30秒。茶汤口感醇和。

茶水分离四大优点

优点一：品尝不同茶味；

优点二：更健康；

优点三：更耐泡；

优点四：泡出真滋味。

一、茶水分离法休闲品茗方法之一

主茶具选用恒福玻璃陶瓷组合"团圆"系列，包括玻璃壶、玻璃杯、陶瓷滤芯、盖子、茶盘、煮水器、熟盂、茶海、水洗、茶巾、茶荷或茶叶罐、茶扒、茶夹。

1. 温杯：用初开的沸水浇淋冲洗茶壶、茶杯、滤芯和盖子等。温杯后的废水倒入水洗。

2. 置茶：揭开滤芯盖子，置入适量茶叶。小团圆壶的容量约260毫升，按1:50-60的茶水比，投入茶叶3-4克。关于量值的问题，除非使用专门的电子秤，否则难以精确量度分量，一般靠目测或经验定夺。通常较膨松、叶片较大的茶叶可多一些，叶片细碎、紧结的可少放一些。

3. 润茶：往滤芯中冲入约三分之一的80℃左右的开水，以刚浸没茶叶为准，然后静候约半分钟左右，让茶叶吸收水分。

4. 冲泡：从熟盂往滤芯冲入80℃左右的开水。如水温正常，可盖上滤芯盖子，静待片刻，让茶叶吸收水分并舒展。如果水温偏高，至90℃左右，则不盖盖子，并且缩短静待时间。

5. 出汤：冲泡约1分钟后，从玻璃壶中观看，汤色渐绿。揭开盖子并倒放，手持滤芯左右轻摇，让茶汤均匀，再轻轻提起，架在壶口，待茶汁稍滴干后，放到滤芯盖上。

茶水分离法之玻璃陶瓷组合步骤图示▶

1. 温杯

4. 冲泡

2. 置茶

5. 出汤

3. 润茶

6. 品茶

6. 品茶：将壶中茶汤倒入品杯，品尝好茶。

二、茶水分离法休闲品茗方法之二

主茶具选用恒福玻璃盖碗组，包括盖碗、玻璃品杯、杯托、玻璃茶海、茶盘、煮水器、熟盂、水洗、茶巾、茶荷、茶扒、茶夹、滤芯、支架、赏叶杯。

1. 温杯：用初开沸水浇淋冲洗玻璃盖碗、玻璃品杯、茶海等。温杯后的废水倒入水洗。

2. 置茶：茶叶从茶荷中置入盖碗，玻璃盖碗的容量为 200 毫升，置茶量约 3 克。

3. 闻香：盖上盖子，上下晃动盖碗，轻轻开盖闻香。盖碗的温度可以促发干茶散发香气。

4. 润茶：往盖碗冲入少许开水，以浸没茶叶为准，双手握盖碗轻摇，让茶叶吸收水分。润茶后也可以闻香。

5. 冲泡：从熟盂往盖碗冲入 80℃ 左右的开水，注意水要沿碗壁冲入，不可直接冲向茶叶。因绿茶较细嫩，热水容易损伤叶片的结构，影响茶汤的营养和滋味。

▼茶水分离法之盖碗组部分步骤图示

1. 温杯

2. 置茶

5. 冲泡

6. 赏茶舞

绿茶功夫

96

6. 赏茶舞：绿茶冲泡后需静待 1 分钟左右，这段时间可以欣赏绿茶舞。如冲泡器为透明玻璃，则可直观地欣赏到绿茶在水中上下浮沉、轻舞跃动的美妙姿态。

7. 出汤：泡 1 分钟左右，把茶汤倾入茶海，即公道杯中。在多数情况下，冲泡绿茶无须使用滤网，因绿茶叶片细嫩、可食用，且茶汤中毫多，有毫香能增加茶汤的厚度。如要使用滤网，则注意不要用滤孔太细的，以免滤掉美味的茶毫。

8. 分茶：茶汤从茶海分入各人的品杯，礼节上一般倒茶七八分满，表示对客人的尊敬。

9. 品茶：端起品杯，可先闻茶香，三口为品。

10. 回冲：从第 5 步开始重复。茶水分离法冲泡次数一般 3-5 道，不超过 6 道，基本上从第 4 道开始，茶汤滋味渐显淡薄。

11. 赏叶底：完全泡开后的绿茶，可以挑放到赏叶盘中鉴赏，也可用盖碗的盖子替代作赏叶杯用。

三、茶水分离法茶壶组

茶水分离法还有壶泡法，与盖碗泡法基本相同，只是泡茶器不用盖碗，而改用壶。茶席中相应增加盖置。

绿茶功夫

97

闻香

4. 润茶

出汤

8. 分茶

◎其他冲泡方法之三绿冲泡法

干茶绿、茶汤绿、叶底绿，这是冲泡方法得当时绿茶呈现的三绿效果。因为有时候，第一道茶的水温偏高，便容易一下子把细嫩的绿茶烫黄。有时候水温高而又盖上盖子，也容易把茶叶焖黄，便得不到绿茶三绿之美妙了。

三绿冲泡法，便是一种简单、易掌握的绿茶冲泡方法。

首先，在透明玻璃杯或咖啡杯、个人杯中投入适量茶叶。然后，用少量开水润茶，可以用刚开的水，但要注意只要少许浸润茶叶即可。这时候也可以闻香，因为开水的高温使茶叶香气散发了出来。接着，也是关键的一步，注入三分之一的凉开水，凉开水可以事先准备好，用水注或干净的容器盛装。最后，注满开水。一杯清新、鲜爽的三绿法绿茶便冲泡完成，可以尽情享用了。

三绿冲泡法是茶水不分离的喝法，每道茶续杯时，要留三分之一的水，续杯的水可用开水。各种绿茶都可使用三绿泡法冲泡品饮，但要准备两种水：凉水和开水。

三绿冲泡法步骤：

主茶具选用恒福"贴心"个人杯、煮水器、水注、水洗、茶巾、茶荷或茶叶罐、茶扒。

1.温杯：用初开沸水浇淋冲洗玻璃杯，温杯后的废水倒入水洗。

2.置茶：从茶荷或罐中取适量茶叶，用茶扒拨入杯中。

3.润茶：沿杯壁冲入少量100℃开水，以浸没茶叶为准。润茶时间约半分钟

▲ 1. 润茶

▲ 2. 凉冲

▲ 3. 热冲

▲ 4. 回冲

左右，双手握杯轻摇，让茶叶吸收水分。

4.闻香：润茶同时可闻茶叶香。

5.凉冲：用水注（也可用熟盂盛放凉开水）沿杯壁冲入约 1/3 凉开水。此步骤为三绿泡法特有且关键的一步。

6.热冲：凉水冲入后接着用热水冲入，可直接用煮水器中的开水，注入杯中至七八分满。

7.品茶：泡茶 1 分钟左右便可品茗。

8.回冲：饮至杯中剩三分之一时续热开水，可直接用煮水器中开水注入。

◎其他冲泡方法之冷泡法

以冷水冲泡绿茶，是近年来甚为流行的一种颠覆传统的绿茶品饮法。泡茶用水一般选择可直接饮用的矿泉水、纯净水。泡茶所用的器具也简单随意得多，一个玻璃杯、马克杯或是随手杯甚至矿泉水瓶子，将茶叶放入，浸泡数小时后，就可享受鲜爽甘甜又清凉的冷泡茶了。无论是上班族、学生、开车族或是登山族，都可以方便享用。炎炎夏日，一杯冰镇的冷泡绿茶，既解渴又消暑！

用冷水泡饮绿茶，带鲜味和甜味的氨基酸在低水温中先溶出，带苦味的单宁酸、咖啡碱等较不易溶出，因此冷泡茶的口感鲜爽、甘甜。但浸泡时间需两三小时，茶汤滋味才比较饱满，茶的精华也释出较多。茶叶中的咖啡碱需要高温才会释放，冷泡法泡出的茶汤没有释出太多茶碱的机会，可缓解茶对胃部的刺激，不影响睡眠，敏感体质或胃弱者均适合饮用。

绿茶冷泡法示例：

主茶具可选用玻璃盖碗或恒福美体双层玻璃杯、水注、水洗、茶巾、茶荷或茶叶罐、茶扒。

1.洁具：用清洁的水浇淋玻璃杯，废水倒入水洗。

2.置茶：从茶荷或罐中取适量茶叶，用茶扒拨入杯中。

3.冲水：用水注沿杯壁注入凉开水。

4.泡茶：静置两三个小时，如果冰镇则封口后放置冰箱内冷藏。

绿茶最多冲泡三道，名茶（一般名优绿茶以嫩芽为主）到后面就没滋味了。水温低或水较少，可以多泡（水少，茶叶中内含物质转化也较少）。

如某一道茶汤口感较苦涩，并不一定代表此茶不好，鉴定的方法是：在茶汤中冲入白开水，若冲水后不苦涩，证明这茶收敛性强，浓度好。

绿茶茶叶因生长环境不同，滋味也不同，如猴魁较甜，安吉白茶则较鲜。制茶方法的不同也使各类绿茶呈现不同的风貌，如传统制法的猴魁和安吉白茶，除却滋味不同以外，观赏叶底的重点也不一样。猴魁的梗茎和主脉呈红色，称为"红丝线"；安吉白茶的叶底，叶片黄白，而梗茎与主脉是绿色的，称为"绿丝线"。

在大自然中享受品茗的乐趣

第五篇　绿茶功夫·生活篇

玉笛吹老碧桃花，石鼎烹来紫笋茶。

山斋看了黄筌画，茶蘼香满笆，自然不尚奢华。

醉李白名千载，富陶朱能几家？

贫不了诗酒生涯。

——元·张可久《山斋小集曲》

103

有的人说，生活是：柴、米、油、盐、酱、醋、茶；

有的人说，生活是：琴、棋、书、画、诗、酒、花。

我说，生活是：这两者的相加。

我们的生活，被概括成了七个字，或是琐碎现实的，或是优雅浪漫的，但都离不开茶。看，开门七件事，少不了茶，琴棋书画和诗酒花，这样的雅致生活，更少不了与茶相伴，有茶的生活，琐碎也变得优雅。试想，琴棋书画，有茶不是更好吗？

DIY 绿茶生活

俗话说："水为茶之母，器为茶之父。"要想获取一杯上好的香茗，需要做到茶、水、火、器四者相配，缺一不可。饮茶器具，不仅是饮茶时不可缺少的一种盛器，具有实用性，而且饮茶器具还有助于提高茶叶的色、香、味，同时，一件高雅精美的茶具，本身还具有欣赏价值，富含艺术性。

生活在当代的我们，处于一个现代开放的社会环境，物质条件日益优越，生活水平日益提高，现代人的饮茶生活也发生了不同的变化。自己动手，亲身体验，挑战自我，享受快乐，这就是 DIY 的精神。追求自我个性，追求自主创造，追求自由搭配。

▼春晓

◎创意绿茶生活——绿功夫三部曲

美好的生活需要创造。我们的智慧加上创新精神，以及对绿茶的认识，创造出了绿功夫，绿功夫又给绿茶生活注入了无限的新意。我们倡导的绿功夫，是轻松自在的，也可以从中品鉴绿茶的真味，更可让人沉浸于茶的世界，是乐在其中的。

轻松自在绿功夫 无需雅致的空间，也不受复杂程式的束缚，随手一杯，三两分钟的茶道，一立方米的茶香，赏茶舞，怡心境，简简单单喝好茶。

现代人的生活是越来越不轻松了。工作的压力，生存的竞争，越来越快的节奏，压得人喘不过气来。从某种程度上讲，现代人生活的内容是日渐丰富了，但同时变得复杂起来。因此，人们才会寻找那些让生活变得轻松的法则和秘诀。

有的时候，轻松自在的秘诀就在于心态，保持豁达开朗的心情、平静包容的态度。这时候，再泡上一杯清新的绿茶，杯中朵朵绿云，也让人神清气爽吧？

有的时候，轻松自在不止在于心境。我们泡茶的时候，一件方便易用的茶器茶具，便可让人倍感轻松。面对忙碌紧张的生活，我们已经没有太多时间，去使用和细细体会一套完整的程式。我们特别需要一些使用简单、方便、快捷，但又不失绿茶真味的茶器茶具，让我们在紧张工作或生活之余，也可以享受一杯绿意盎然的绿茶，享受轻松自在的绿功夫绿茶生活。

轻松自在绿功夫，就是这样的一些茶器茶具，或是一壶一杯带陶瓷滤芯的休闲品茗系列，或是简简单单的瓷杯，只要使用绿功夫的冲泡方法，注意绿功夫三要素，不拘泥于复杂的程式，不受空间的限制，三两分钟，便可见茶香轻舞。

玻璃陶瓷结合休闲品茗系列

玻璃和陶瓷结合的产品可谓轻松自在绿功夫的经典，使用方便，不受空间限制，尤其适用于家庭聚会、休闲品茗。单人、多人用均可，送礼、自用同样适合。

陶瓷闻香玻璃观色

冲泡绿茶时，如玻璃杯或壶的玻璃太薄，茶叶一见阳光，味道会发生变化。绿功夫玻璃陶瓷系列产品，滤芯为陶瓷材质，茶叶置于陶瓷滤芯中，可阻隔光线的直接照射，以保持茶汤的原味。另外，对于香气保留和闻香，陶瓷的起香效果较优。玻璃表面较光滑、密度较高，因而茶香难以附着，挥散较快，但是透明的玻璃壶可观赏汤色。可谓取长补短，实为较佳之绿茶冲泡器具。

品鉴真味绿功夫 品饮绿茶，就仿佛置身于清新的大自然。如何才能还原出一道好绿茶的色、香、味呢？其实，只需稍作讲究，科学冲泡，绿茶的味道就会大为不同。

快节奏是一种生活方式，忙中偷闲也是一种生活方式，比如简便易用的轻松自在绿功夫。还有一种，只要多花一点点时间，既可以休闲、减压，又可以品味和鉴赏绿茶的真正滋味。

品鉴真味绿功夫，是一系列针对绿茶的特性而研发的茶器茶具。品茶之真味，除了味觉，还有嗅觉，而品鉴绿茶真味的大不同，还要加上视觉。因而，绿功夫茶器的追求，就是可以很好地还原一道绿茶的色、香、味、形。我们用玻璃材质，充分展现绿茶的色、形特性；敞口的盖碗，底部较宽阔的造型便于绿茶的舒展，充分展现茶味和茶形；用细白瓷、青瓷、青花瓷衬托嫩绿的茶色，同时很好地扬茶香。容量上的设置，一般大于200毫升，这样可以有足够的水分让绿茶吸收及释放其滋味、香气。

这些考虑、这些设置，也便是功夫之所在。我们用品鉴真味绿功夫的一系列茶器，还原一道绿茶的色、香、味、形，让人从味觉、嗅觉、视觉三方面，都仿佛置身于绿意盎然的春天，在自然的气息中品鉴绿茶之真味。我们用绿功夫科学的冲泡方法，用绿功夫设置的茶与水比例、水温及冲泡时间，品味一道之清鲜、二道之真味、三道之醇和，还有后续的无限快乐滋味。

乐在其中绿功夫 品茶品心，于滴水微香中感悟真味，在细饮慢品中修身养性。每一件器具、每一道程序均为功夫绿茶而设计，细腻如丝的不只是一杯好茶，更是心境修为的功夫，乐在其中。

绿功夫是一种绿茶的生活方式，轻松自在的忙中偷闲，准专业级的品鉴真味，品饮绿茶不仅带给我们健康和享受，更带给我们快乐。

这一系列的茶器茶具，完整呈现品味绿茶的每一步，每一章节。配合环境而准备的茶席、茶花、茶挂等，器物的选择与搭配，也是绿功夫当中颇讲求功夫的体现。

经由这些步骤、不同的器物，冲泡出来的绿茶，品味的不仅仅是茶的色、香、味、形，更是品心和感悟。滴水的微香，触动我们易感的心灵，修身养性。这样的投入和获得，让人乐在其中。

◎有滋有味品绿茶

人们常说人生如茶，品茶如同品味人生。

每每静下心来，细细品味一道茶，从开始的浓烈、微苦，到中间的清香、回甘，再到后面的恬淡、醇和，每一道的口感、滋味都不尽相同，就如同人生，每一个阶段都有不同的感受、不同的滋味。从小小的一杯茶里，也可感悟到大智慧的……

我们都有一种类似的经验，每当喝到一杯好茶时，那种深深的满足感，可以在心情上带来难以形容的放松和平静。绿茶更是如此，我们用绿功夫的茶具和方法，可以发挥绿茶的优点，使绿茶呈现给人们最有魅力和实效的一面。这样的绿茶，品之，身心愉快；观之，碧绿澄明；赏之，悦目悦心。

我们希望品尝到一杯好茶的满足感，可以延伸到各处，不受地域时空的限制，让我们需要放松心情的时候，可以方便地享受到绿茶带来的健康、快乐。让这样深深的满足感，随着绿茶功夫，为人们的居家、办公、茶馆和休闲生活，注入一道绿光。

家居装饰时尚温馨
一套绿茶功夫茶具，具有健康时尚的生活品位，是家居的一道亮丽风景线。
办公场所忙中偷闲

忙碌的工作中，要学会善待自己，空暇时冲泡一道功夫绿茶，是时尚商务人士的风景。

茶馆茶楼听风弄月

坐而论道，听风弄月，尽显品尝绿茶高尚典雅之风范。

娱乐休闲笑谈人生

邀约几位茶友，沏上一道功夫绿茶，品茗、笑谈人生。

居家绿生活 居家品饮绿茶，自由度最大，想怎么喝就怎么喝。

既可以简简单单，使用轻松自在绿功夫，运用三绿冲泡法或者冷泡法，有滋有味地享用绿茶（记得要注意绿功夫三要素）。

▲ 玻璃芙蓉盖碗

也可以使用品鉴真味绿功夫，运用茶水分离法，品味三道茶不同的滋味。若不介意，还可续冲至四道、五道，让绿茶的清芬弥漫一室。

当然，更可以使用完备的乐在其中绿功夫，运用茶水分离法，品鉴绿茶从前到后的滋味变化，由此感悟人生。

漂亮、优雅的茶器茶具，和经过修饰的品茶环境，既装扮了我们的居室，也装点了我们的生活。一个时常喝茶、品茶的人，也被茶的宽容、平静潜移默化，成了一个雅致的人。

办公绿生活 现在大多数人工作忙碌，生活压力大，活得挺累。时代在进步，大家的负荷却在加重，多数人疲于奔命地忙着工作和应酬，精神却越发空虚，人也容易变得浮躁。那么，请稍停一会儿，平静地面对自己的内心吧！不妨坐下来，静静地喝一杯绿茶。

这个时候，最适合使用轻松自在绿功夫，简简单单喝好茶。

淡泊以明志，宁静以致远。品茶与做人、做事，其实有着许多相通的地方。茶道、茶趣，以及茶德，亦折射着生活方式、生活态度与品性心境。我们泡茶时，绿功夫讲究三要素，做事同样需要讲究要素，客观、火候、时机以及分寸。品茶赏干茶、品茶汤、闻茶香、观叶底，而做人要讲品性、心态、人格以及阅历。工作与生活中，处处有讲究，处处有功夫。就如简单的一杯绿茶，其中却有着如此深厚的功夫，从简单处见不简单。

心不细，则处事不周；心不定，则临事不稳；心不善，则做事不正；心不净，则行事不明。我们待人处世，也如同冲泡品饮一杯简单的绿茶，处处见功夫。

茶馆绿生活 茶馆品茶，与居家品茶一样，自由度很大。只要喜欢，从简单喝到专业喝再到讲究喝，亲自冲泡，或是请茶艺师代劳，都可以。既可品茶论道，亦可谈商论公务，更可谈天说地，海阔天空。

茶馆，是爱茶者的乐园，可以套用那一句著名的话："如果我不在茶馆，就在去茶馆的路上。"我们在茶馆休息、消遣、忙中偷闲，或是聚会、交际。从前人们交际应酬，多数会说："我请你吃饭。"现在，人们逐渐追求健康和宁静，还有文化品位，"我请你喝茶"使用的频率已然超过前者了。茶馆中，绿功夫带给我们的绿色生活，就是这样健康和清新。

休闲绿生活 休闲有很多的方式，就场地来讲不外乎两种：室内和室外。

室内的休闲活动，无论家中或是茶馆、休闲娱乐场所，邀约三五知己，用绿功夫沏上一壶好绿茶，轻松自在地享受，或者品鉴茶的滋味，笑谈人生，也乐在其中。

户外的野餐、休闲，带上简便的轻松自在绿功夫，享受大自然的同时，与阳光、清风、大树、溪流一起，共同品味绿茶的绿色生活。

▲春日芳菲

▲宽怀小杯与树叶茶海(湖水蓝)

民以食为天——绿膳

吃，对于中国人来讲，是大事。"民以食为天"出自《汉书》，其中说到"王者以民为天，而民以食为天"。

所谓江山社稷，这个"稷"在古代是指黍类、谷类，是一种粮食，古代以"稷"为百谷之王，帝王都奉"稷"为谷神，进而指代国家。在农业社会，吃的问题，不仅只是温饱的问题，还上升到政治的层面。春秋时期的大政治家管仲曾说："衣食足则知荣辱，仓廪足则知礼节。"他告诫统治者治人的办法，就是让民众有饭吃，然后他们才会守法、懂规矩。"民以食为天"事关江山社稷，不仅居于中国食文化的中心，还是历朝历代的立国之本。

我们环观世界上美食的发祥地，看到一个有趣的现象，这些地方大多曾经是农业文化高度发达的地区，而非商业城市，比如广州、成都、扬州、杭州、巴黎等地。也许商人或资本家生活节奏太快了，忙于经营而无暇于美食。而农田在手的地主，有的是时间去吃，去研究吃，是典型的有闲阶级。

现代社会则是越来越融合了，地球成了一个村。交通发达了，通讯方便了，拉近和缩短了人们时空的距离，城乡的差距也在缩小。现在，无论商业发达的城市，还是以农耕为主的乡村，民以食为天，吃，仍旧是大事，而且吃得越来越讲究。讲究天然、营养，讲究健康、均衡，还要讲究搭配、讲究滋味。在这样的饮食追求当中，茶作为健康的代表分子，被广泛用于中国人的膳食中，如茶饮、茶食和茶肴，这当中用得最多的又是绿茶。

茶膳也并非现代的产物。在上古时期，茶是作为药用的，药食同源。药物与食物是不可分的，《本草纲目》这样说："五谷为养，五果为助，五畜为益，五菜为充，气合而服之，以补精益气。"历史上，我国民间也素有"药补不如食补"之说。用茶掺食作为菜肴、食品和膳食，自古以来就有。

◎茶饮绿功夫

现在市面上流行的茶饮料，品种花样也日益丰富。我们这里所讲的，却并非茶味的饮料，而是绿茶与其他花果或食材搭配而成的茶饮，这其中也有许多门道，也讲究功夫呢！

首先，绿茶属于凉性，且茶味较苦涩，特别是大叶种绿茶，因富含茶多酚和咖啡碱，对胃有一定的刺激作用，因而肠胃较弱的人就应少喝或冲泡时避免茶汤过浓。

其次，绿茶的味道较清新淡雅，与之搭配的花草、水果等，味道也要和绿茶相协调。

另外，如果绿茶与奶制品同饮的话，最好先喝茶，间隔长一点时间，再喝奶制品。因为茶中含草酸，会和奶里的钙形成草酸钙，不利于人体吸收。

在炎热的夏季，选择绿茶最适宜，泡上一杯清亮亮的绿茶，给人一种仿佛置身草地的清凉之感。绿茶和许多水果都能相搭，例如苹果、橄榄，可让彼此的清新口味相得益彰。绿茶搭配花果等配成绿茶茶饮，香香甜甜，能让生活增添一丝惬意！

DIY 经典简单绿茶饮九款：

蜂蜜绿茶 绿茶用水冲泡后，等待 10 分钟，将茶叶过滤掉。滤出的茶汤放置容器内摊凉，待茶温凉之后，加入蜂蜜，搅拌均匀。一杯温暖甜蜜的蜂蜜绿茶便完成了。喜欢冰饮者可放冰箱冷藏，如果想加速冷冻，可以加入冰块饮用，注意冲泡时调整茶汤的浓度。

注意：要待茶汤温凉后再加入蜂蜜，或加冰块后再加入。蜂蜜加入高温水中会变酸，影响茶饮的风味。

饮此茶有止渴养血、润肺益肾之功能，并能治脾胃不和、咽炎等症，坚持喝效果不错。绿茶味苦性寒，含鞣质、叶绿素等，能清热解毒，抗菌消炎；蜂蜜味甘性平，含糖类、氨基酸、酶类、维生素和少量矿物质，具有杀菌解毒、补中益气、润肠通便的功效。两者搭配，相辅相成，既能杀菌消炎，又能提高机体抵抗力。

柠檬蜂蜜绿茶 在调好的蜂蜜绿茶里加入柠檬汁即可。可以在制作茶饮之前准备半个新鲜柠檬，最后挤出柠檬汁，去籽，调入蜂蜜绿茶内。

柠檬的清香让人提神，为蜂蜜绿茶增添了一丝活力。柠檬富含维生素 C，可以美白肌肤，绿茶清除自由基可延缓衰老，蜂蜜润肠、排毒养颜。茶香蜜香柠檬香，是一款好喝又美容的夏日绿饮。

梅子绿茶 冰糖与绿茶同泡 5-10 分钟，然后加入一两颗青梅或少许青梅汁，搅拌均匀。为了让青梅能浸泡出味，可以先用刀拍裂青梅果或者划一些切口，把果子切成小块或小丁效果更佳。

梅子绿茶可以消除疲劳，增强食欲，帮助消化，并有杀菌抗菌作用。绿茶抗氧化，排毒、提神、降脂。夏天胃口不好时，这款酸酸甜甜的梅子绿茶能打开你的胃口。

竹梅绿茶 把竹叶、绿茶、糖和乌梅放在一起，用小火煎，也可用开水冲泡。这款茶有润喉的功效，唱歌的时候可以带上一杯。

苹果绿茶 将 5 克绿茶和切成细丝或小粒的苹果放入玻璃杯中，注入不超过 60℃的白开水 200-300 毫升，10 分钟后，苹果绿茶就可以喝了。当茶水余下三分之一时，可再续水回冲，与绿功夫三绿冲泡法是一样的。

苹果绿茶除去了苹果的酸涩，牙齿不好的老年人也很适合。苹果加绿茶可不是简单的 1+1，经日本长崎大学的研究证实，将苹果加入绿茶中，能提高饮品的抗氧化总体水平，在预防癌症、抗衰老和免疫调节方面效果更好。近些年有研究发现，苹果中的果胶、有机酸、酚类化学物质等，对现代人的健康有明显的好处。

蜜梨绿茶 将蜜梨捣烂、榨汁，留汁去渣，汁水倒入沏泡好的绿茶水中，加 500 毫升冷开水，加冰糖即可饮用。

用冰糖和茶一起炖梨，不仅可消痰降火、润肺清心，还适宜于咳嗽、繁咳失音患者。

橄榄绿茶 取橄榄两枚，绿茶 1 克。将橄榄连核切成两半，与绿茶同放入杯中，冲入开水，加盖焖 5 分钟后饮用。适用于慢性咽炎，咽部有异物感者。

橄榄海蜜茶 橄榄3克，胖大海3枚，绿茶3克，蜂蜜1匙。先将橄榄放入清水中煮片刻，然后冲泡胖大海及绿茶，焖盖片刻，入蜂蜜调匀，徐徐饮之。每日1-2剂。功能清热解毒，利咽润喉，主治慢性咽喉炎、咽喉干燥不适，或声音嘶哑等属阴虚燥热者。

桂花绿茶 用冲泡绿茶的方法品饮，可在干茶中加入桂花。一般桂花的用量以绿茶用量的三分之一左右为宜。

桂花又名九里香，味辛，性温，香味清新迷人，具有止咳、化痰、润肺之功效。桂花茶可以解除口干舌燥，润肠通便，减轻胀气肠胃不适。还可以美白皮肤，解除体内毒素。特别是能祛除体内湿气，舒畅精神，养阴润肺，净化身心，平衡神经系统，安心宁神。

桂花绿茶中加入蜂蜜，即可成为一款排毒美颜的茶饮，冰饮、热饮均可。热饮可整肠健胃，冰饮则清凉消暑。另外，如果使用较多桂花，再加些许甜菊，即是一杯好喝的去脂减肥茶了。

◎茶食绿功夫

本来喝茶的人是不吃茶食的，怕影响了茶的真味。但是，在茶馆里单喝茶又太单调，于是，茶食成为品茗的调剂品，并且由茶馆逐渐流入民间。茶食大多是糕点类、糖果类、蜜饯类、干果类等。

茶食可以表达两种概念，一为佐茶的小食，就是以上所讲的茶食概念；二为以茶掺食，茶叶通过特殊加工，制作成超微粒粉后，再掺入加工成的茶食。这类食品大多也是糕点类、糖果类、蜜饯类、干果类等，且包装精致，多为独立包装，食用和携带都非常方便。这一类的茶食品中，又以绿茶制作的茶食品种、数量最多，受欢迎程度最高。

DIY 美味休闲绿茶食三款：

蜂蜜绿茶核桃

原料：去壳生核桃、蜂蜜、绿茶粉。

做法：

1.把生核桃仁放在一大张厨房纸上（如果是完整的核桃仁，最好掰成小块），放入微波炉高温烤几分钟。每个微波炉的火力不同，所以时间要自己掌握。每次两分钟，直到有香味出来。

2.把烤好的核桃仁放在一个碗里，在核桃仁冒热气时加入蜂蜜，每次加一勺，然后用筷子搅拌，可以根据核桃仁的多少重复多次。

3.撒上绿茶粉，用筷子搅拌均匀即可。把做好的蜂蜜核桃仁摊凉后，放入玻璃或瓷罐中，最好不要放在塑料容器里保存。

龙井汤圆

原料：汤圆馅100克，糯米粉250克，高级龙井茶叶25克。

制法：

1. 取糯米粉适量用水调散，揉匀，再和汤圆馅分别包成大小均匀的汤圆。

2. 将龙井茶叶放入杯中，冲入适量开水浸泡2分钟，把茶汤汁滤掉不用，再冲入开水泡好。

3. 锅内放入清水烧开，将汤圆下锅，煮熟，分别捞出放在碗中，取适量茶汤浇入即成。

碧螺春比萨

原料：上等碧螺春茶叶25克，虾仁10只或香肠10片或洋菇3朵切片，面粉250克，鸡蛋1个，番茄酱若干，砂糖适量，肉末200克，细长青椒1只。

制法：

1. 因碧螺春叶片细嫩，将茶叶用温水泡开。

▲茶叶蛋

▲抹茶糕点

肉末加番茄酱、糖炒熟成肉酱备用。青椒切小圈圈备用。虾仁或香肠、洋菇都经炒熟备用。面粉和鸡蛋加水调成糊状。

2. 取平底锅加热倒入油后下入面糊待半凝固时，加一层肉酱，四周排上青椒圈，点缀虾仁或香肠、洋菇，最后放茶芽，三对或四对切好上桌，即成。

◎茶膳绿功夫

茶膳是古之食疗，也是今之药膳的补充。

现在，绿茶入膳已越来越流行了，因为所有茶类中，最好入菜的茶汤是绿茶，淡淡的清清的香味，很容易调和菜肴。另外，做菜放茶叶可以解腻提香，还可以通过茶中丰富的营养物质，增强菜肴的营养价值和药用功能。

茶叶入肴的方式一般有四种：一是将新鲜茶叶直接入肴；二是将茶汤入肴；三是将茶叶

磨成粉入肴；四是用茶叶的香气熏制食品。

DIY 健康特色绿茶膳五款：

绿茶煮饭 用茶煮饭已成为爱茶人士的"食"茶新时尚。

取适量绿茶叶加水冲泡，待茶叶泡开后，滤去茶叶取汤煮饭。茶叶的清香融入米饭的香甜，煮好的米饭不仅色、香、味俱佳，而且具有诸多保健功能。

茶水煮饭在我国古代医学典籍和民俗传统中有迹可寻。《本草拾遗》中便有记载，用茶水煮饭"久食令人瘦"，云南茶叶之乡临沧也流传着"好吃不过茶煮饭，好玩不过踩花山"的山歌民谣。可见用茶水煮饭具有悠长历史。

据营养学家研究，茶水煮饭能使茶和米饭的滋味相得益彰，茶叶的芳香能使米饭更加香甜可口，米饭中的淀粉则可有效地抵消茶叶的苦涩味和收敛性。茶水煮饭还具有四大保健功效：一是茶多酚可帮助软化血管，降低血脂，防治心血管病；二是茶多酚能阻断致癌物质亚硝胺在人体内的合成，从而预防消化道肿瘤；三是茶饭中的单宁酸具有预防中风的功能；四是茶饭中的氟化物是牙本质中不可或缺的物质，它能增强牙齿的坚韧性和抗酸能力，防止龋齿。

凉拌绿茶 泡过后的茶叶，可以加入作料，做成凉拌绿茶。当然，前提是，这茶叶必是等级较好的、细嫩程度较高的绿茶，吃起来才有滋有味。

泡过三四道茶汤后的绿茶叶底，依然保留许多的健康物质，而且泡开后的茶叶，苦涩味不重，叶底又柔软，凉拌后吃起来，微苦带甘香，是夏日一道特色菜肴。

绿茶肉末豆腐

原料：豆腐、肉末、香菇、笋、绿茶、调料等。

做法：

1. 肉末 100 克加调料后拌匀。

2. 香菇、笋适量切成丁，一起炒熟，晾凉后平铺在 400 克的熟豆腐上。

3. 绿茶 3 克研成末，撒于豆腐表面即成。

此菜滋味爽口，且营养丰富。绿茶可以为豆腐提味。绿茶茶叶嫩而香、口感好，适合烹制清新淡雅的菜肴，不仅能发挥出食物原本的味道，还能为菜肴增添茶的香气。

绿茶炖白鲫

原料：3 两重白鲫鱼 3 条，上等绿茶 25 克（手抓一把），水 1000 毫升。

做法：

1. 白鲫洗净，刮去肚内黑膜（不刮鱼鳞）。

2. 与茶叶、清水同放入白瓷陶钵，隔水炖。

3. 大火三五分钟至锅内水沸，转中火炖 10 分钟，再转小火炖 30 分钟。

此菜鱼汤鲜美，鱼肉带有淡淡的绿茶味。具有清肝明目、去五内积热的功效。

蜂蜜绿茶骨

原料：猪排骨、蜂蜜、绿茶适量、酱油、盐、鸡精、蒜少量。

做法：

1. 烧一锅茶叶水，水开之后，把排骨放进去过水去异味，煮到表面变色后取出；因为绿茶是去异味的好东西，所以推荐用绿茶去肉腥。

2. 倒掉这锅绿茶水，把排骨表面的骨渣子和茶叶冲洗干净。

3. 再烧一锅茶叶水，水量能没过这些排骨即可，颜色最好比上一锅略深一些，水开后，把茶叶滤去，留下水。

4. 排骨入锅前用油炒一下，炒热即可，然后放到锅里的茶水中，再放入蜂蜜和蒜片；开大火，开锅后，撇掉表面浮沫，转中小火炖。

5. 中小火炖到里面的汤水下去一半的时候，再放盐和鸡精。

6. 锅里的汤水剩不多时，转大火收汁。出锅装盘之后，撒些熟芝麻在上面即可。

▲ 龙井虾仁

蓝地宝相小茶组

环游世界的梦想——绿游

◎绿茶产地游

梅家坞问茶

梅家坞茶文化村，是西湖龙井茶一级保护区和主产地之一，地处杭州西湖风景名胜区西部腹地，梅灵隧道以南，沿梅灵路两侧纵深长达十余里，有"十里梅坞"之称。梅家坞是一个有着 600 多年历史的古村，现有 500 余农户。那里有山有水，有茶有文，是杭州城郊最富茶乡特色的农家自然村落和茶文化休闲观光旅游区。

认识绿茶的人大概没有不知道西湖龙井的，而说到龙井，断撇不开梅家坞。梅家坞是西湖茶区产茶最多的地方之一，茶园面积达 80 多公顷。我们杭州行的第二站，便是深入龙井茶产区的腹地——梅家坞。

从中国茶叶博物馆出来，已是中午时分，天气晴好。清明前夕正是龙井新茶上市的时节，而能遇上这样一个春日暖阳的好天气，找一个好去处喝茶是最合适不过了。车子沿着梅灵路，一路开来，遍地茶园，一丛丛、一垄垄，满目青翠。

穿过蜿蜒宁静的道路，走进梅家坞茶文化村，眼前景象顿时热闹起来。两旁建筑是清一色的黑瓦白墙，勾勒出干净清爽的江南韵味。茶馆、茶楼满布，人声、车声鼎沸，梅家坞一年中最繁华、最热闹的时节已然拉开了序幕。由于路窄车多，我们步行走进朱家里。

从朱家里的牌坊往里一拐，茶香扑鼻，所有的喧嚣仿佛被隔断了，任由繁华在外面的世界精彩，而这里，是属于茶的。每家每户门前都放着各种炒茶制茶的工具，刚采摘下来的鲜嫩龙井，薄薄地摊晾于门前空地上，凑过去，贪婪地一嗅，顿觉神清气爽。我们进村时正逢中午，没有亲历茶农炒茶的精彩现场。据说，茶农炒茶就在家门口，一口锃亮的铁锅，一畚翠绿的芽头倒入，随着"嗞嗞"声响，茶烟四起，只见那炒茶师傅的大手起起落落，经历抖、带、挤、甩、挺、拓、扣、抓、压、磨十大手法，芽头渐呈扁平状，色泽转为翠绿稍黄，香气如兰，清幽雅远。就看这，也可见炒茶所需的功力非同一般，也非一般人所能胜任。

用刚炒好的茶叶沏泡，刚闻有炒香，再闻则有花香了，滋味鲜爽甘甜，只是有点新，入喉处稍燥。新茶用牛皮纸包好，置于用石灰防潮的瓮内几个月，即可退却火气和新味，滋味更为醇和甘润。梅家坞的新茶往往早被茶商定走，茶农只管秀秀炒茶手艺，虽然我们没有亲眼看到茶农炒茶，但是我们非常幸运地喝到当年的新茶了。更为难得的是，在梅家坞漫山遍野的茶园里，充当了一回采茶人。

梅家坞老村长的儿子朱总告诉我们：在龙井茶产区人们冲泡法简单随意，通常使用陶瓷、玻璃杯冲泡绿茶，不用盖，水温控制在 80℃ 左右。一般用 20 秒左右时间润茶，然后闻茶香，再冲水泡茶。龙井茶保鲜最重要，因龙井干茶含 5% 左右的水分，要放在冰柜中保鲜存放。

朱家院的屋后，是品茶的好地方，遮阳伞、藤椅，在这个春日的午后，太阳暖暖地照在我们身上，慵懒而温馨。桌面上一杯新采制的龙井，茶香随着热气的氤氲飘散，四周是100多年的老茶树，再往远处看，就是梅家坞漫山遍野的龙井茶园了。看这山、这茶、这人，不禁艳羡身为杭州人是何等幸福！

离开梅家坞的时候，看到成群结队的农妇手持行李，鱼贯而行，她们都是到梅家坞来采茶的工人。真是一个忙碌而热闹的龙井季节呵！

一方山水养育一方事物，在江南那如烟的温婉山水中滋养的绿茶，同样带着江南山水的气息，清新而柔美……

瑶里探幽访胜

瑶里，古名"窑里"，因身为景德镇陶瓷发祥地而得名，景德瓷的主要原料——高岭土就产于瑶里附近的高岭山。它地处三大世界文化遗产（黄山、庐山、西递和宏村）的中心，素有"瓷之源，茶之乡，林之海"的美称。数百年前，这里曾是徽商贩茶的必经之路。

自古名山出名茶，瑶里接黄山之灵气，方圆几十里，共有99座峰、99名崖，崖壑幽深，雾雨弥漫，是崖茶自然生长的天然宝地。崖茶或依山，隐现于古树青竹之间；或依水，倒映于溪流之上；与幽深的涧底、陡峭的崖壁、缭绕的云雾相映成趣，如诗如画。据史书记载，唐代已有人在此栽崖玉茶，宋代列为皇家贡品，明初朱元璋品赏后指定为贡茶。

到了瑶里，展现在我们眼前的是一幅平静、悠闲、开阔的农家画面：用青石砌成的农家小院、绿油油的稻田和菜地、远处薄雾笼罩的青山和茶园、身边遍地的杜鹃花……

到了茶乡瑶里又怎能不喝茶呢？

我们在瑶里探幽访胜时，正是春茶采摘的季节。茂密的茶树间仅容一人穿行而过，茶树的枝条、青翠的叶片从我们身上留恋地掠过，似在殷勤挽留。

在茶园里，我们发现了一户农家，征得了主人的同意后，我们入内小坐。朴素而干净的玻璃杯，普通的水壶，一字排开，老农热情地拿出自采自加工的绿茶，请我们品饮。农家自制的粗茶，像极了质朴的茶农。粗糙而朴实的外表，掩盖不了忠厚芳醇的本色。嫩叶稍展，汤色清朗，香气馥郁，味甘鲜醇，回味带甜，让我们沉醉。

古老的瑶里镇散发着幽微缥缈的茶香。那里，瑶河穿镇而过，数百幢明清徽派古建筑错落有致地分布在瑶河两岸，飞檐翘角，粉墙黛瓦，掩映在青山绿水中。我们悠闲地走着，不时可见街边幽深的厅堂，幽暗的陪弄，雕花的门楼，幽深中透出一种雅淡，静寂中显现着无限生机。我们停步看茶农守着茶炉，用古老的方法细心地焙茗，看新采撷的松散叶子一点点收敛起锋芒，被茶农制成最原汁、最纯美、最甘醇的崖玉茶。河的两岸摆着几把竹椅，很多本地人和外地游客或品茶或对弈，或浏览着古镇风情或观赏河鱼，真心地感受着世外桃源般的悠闲和宁静，进入"茶热清香，客至最是可喜；鸟啼花落，众人亦自悠然"的境界。

在这独特而美妙的环境中，我们坐下品茶，生一个红泥小炉，悠然自得地听木炭在炉火中噼啪有声，热气散开，茶香弥漫。一小杯清茶在握，想什么或不想什么，等待着或不等待都已不重要了。

杭州梅家坞采茶情景

▲杭州首届中外茶席设计大赛作品之一

◎杭州首届中外茶席设计大赛

2009 年 4 月，首届中外茶席设计大赛在杭州吴山广场举行，来自中、日、韩三国的茶席设计作品吸引了众人的目光。

茶席设计作品【水沐清荷】

依偎朝阳，露水沐清荷，滴滴甘泉慰花语；争阳荷花，旭日落花身，轻轻暖风扶叶身。

选用茶具：龙泉青瓷茶则一个，玻璃茶海一个，龙泉青瓷杯两个，滤网及滤网置各一，玻璃烧水壶一个。

适用茶类：中国绿茶。

▼杭州首届中外茶席设计大赛作品之二

绿茶与文学

自古以来，茶与文学息息相关。茶，一直深受文人墨客的喜爱，他们把盏言诗，手不离茶，而每每喝到一杯好茶，便不由自主地作诗吟咏，于是，茶与文学、艺术、生活结下了不解之缘。

茶和饮茶，通过亿万人的接受，长久时间的饮用，社会发展和人类文明的提高，已经成为了一种文化现象，成为人类文明的标志之一。茶文化兴于唐而盛于宋，饮茶由生活上、物质上的需要，逐步与精神上、文化上的需要融合在一起，这其间，文人功不可没。

品茶、赏茗是生活中的乐趣。

文人更是让其出神入化，使茶在文学、书法、绘画、琴棋间涵育出了一种意趣，一种性情，一种韵味。这也是茶之魅力所在。

◎绿茶与诗

中国茶诗历史久远，在西晋已出现。千百年来，我们的祖先为我们留下的茶诗数量丰富、题材广泛、体裁多样。历代著名诗人、文学家大多写过茶诗，从西晋到当代，茶诗作者约870多人，茶诗达3500余篇，体裁有古诗、律诗、宫词、联句、竹枝词、新体诗歌以及宝塔诗、回文诗等趣味诗，题材则涉及名茶、茶人、饮茶、名泉、茶具、采茶、茶园等，赞扬茶的破睡、疗疾、解渴、醒脑、涤烦之功的诗歌更是数不胜数。杜牧《题禅院》、卢仝《走笔谢孟谏议寄新茶》、刘禹锡《西山兰若试茶歌》等都是其中脍炙人口的名篇。唐代的文学家、哲学家刘禹锡，新春赴西山寺，方丈知其嗜茶，于是亲自采摘新芽，并且现炒现泡请刘禹锡试饮，高兴之余，刘便写下《西山兰若试茶歌》：

"山僧后檐茶数丛，春来映竹抽新茸。宛然为客振衣起，自傍芳丛摘鹰嘴。斯须炒成满室香，便酌砌下金沙水。骤雨松声入鼎来，白云满盏花徘徊。悠扬喷鼻宿醒散，清峭彻骨烦襟开。"

随后还作诗一首："新芽连拳半未舒，自摘至煎俄顷余。木兰坠露花微似，瑶峰临波色不如。"描绘新芽初泡杯中的美妙，十分生动传神。

品茶就是如此，可以带来无限的情趣。中唐时的诗人白居易，更是以茶言志，抒发胸怀。他的一首《食后》："食罢一觉睡，起来两瓯茶。举头看日影，已复西南斜。乐人惜日促，忧人厌年赊。无忧无乐者，长短任生涯。"食后睡起，手持茶碗，无忧无虑，自得其乐，表达了诗人淡泊的情趣和处世哲学。他的另一首《睡后茶兴忆杨同州》，同样表现了这种情趣："昨晚饮太多，嵬峨连宵醉。今朝餐又饱，烂漫移时睡。睡足摩挲眼，眼前无一事。信脚绕池行，偶然得幽致。婆娑绿荫树，斑驳青苔地。此处置绳床，傍边洗茶器。

白瓷瓯甚洁，红炉炭方炽。沫下麴尘香，花浮鱼眼沸。盛来有佳色，咽罢余芳气。不见杨慕巢，谁人知此味？"白居易喝茶，已达到了满足自己需要的超脱感和心理上的愉悦，即使在今天，他也是一位品茶高手。

茶圣陆羽出身寺院，经常亲自采茶、制茶，尤善于烹茶。他一生嗜茶如命，不仅写出了流传千古的《茶经》，也写了许多咏茶的诗篇，但保留下来的仅有《六羡歌》和《会稽东小山》两首诗。《六羡歌》是使他得以名列诗林的代表作品："不羡黄金罍，不羡白玉杯，不羡朝入省，不羡暮登台，千羡万羡西江水，曾向竟陵城下来。"通篇没有一个"茶"字，但充分表达了茶人普遍的淡泊飘逸之性情，舍弃荣华富贵，将功名利禄看得轻如草灰的高洁志向。

宋代时文人学士喜烹茶煮茗，竞相吟咏，出现了更多的茶诗茶歌，还出现了词。诗人苏轼的《西江月》："龙焙今年绝品，谷帘自古珍泉，雪芽双井散神仙，苗裔来从北苑。汤发云腴酽白，盏浮花乳轻圆，人间谁敢更争妍，斗取红窗粉面。"对双井茶叶和谷帘泉水作了尽情的赞美。

茶诗作为一种文化现象，它的大量涌现，对于茶文化和诗词文化的发展，起到了很大的推动作用。

◎绿茶与小说

茶作为一种精神文化，是从品茗饮茶开始的。早在唐宋之前，茶已成为文人学者的描写

对象。小说的兴起，又为茶文化的发展增添了新的一章。

《红楼梦》是中华民族优秀的文化结晶，也是中国 18 世纪中叶的风俗画卷，有人喻之为"生活的百科全书"。此话一点不假，就其中几百个人物的取名就可说是一门学问了。说到与茶的关系，不知大家是否也想到了贾宝玉身边那名刁钻古怪的小厮——茗烟。

茗烟，这个名字初见于小说的第 9 回。茗，是南方人对茶的较早称谓，吴国人陆机《毛诗草木鸟兽虫鱼疏》中有云："蜀作茶，吴人作茗。"后世上层社会里多称饮茶为品茗、茗饮，茗即是茶。小说第 24 回写宝玉身边共有五个小厮，一曰焙茗（原名茗烟）、二曰引泉、三曰扫花、四曰挑云、五曰伴鹤。这五个小厮的名字都很雅致，有茗、泉、花、云、鹤，联想到《红楼梦》中所写的丫鬟以琴棋书画命名，可见写小厮有泉、花、云、鹤，不能缺茶，也即茗。

《红楼梦》描写的是富贵人家的生活，他们喝的茶都是好茶。小说第 41 回《宝哥哥品茶栊翠庵》中写到的六安茶产于安徽省六安县霍山，与龙井、天池并名，为清代贡茶。名茶还需好水泡，在《红楼梦》中，烹茶之水尤为讲究。贾宝玉《冬夜即景》的诗中曰："却喜侍儿知试茗，扫将新雪及时烹。"妙玉招待黛玉、宝钗、宝玉喝茶，烹茶的水是她五年前收集的梅花雪。饮茶这般讲究，可见中国茶道的不一般了。有了名茶好水，还要讲究烹茶艺术。《红楼梦》对此也有描写："妙玉自向风炉上扇滚了水，另泡了一壶茶。"名茶冲泡要掌握好开水温度，一般宜用七八十度开水冲泡，使茶叶清醇幽香，茶叶品质又不受损坏。这些描述，表明作者曹雪芹也是深得饮茶之道的。饮茶之道还讲究配以杯、壶、盘成套茶具。《红楼梦》中有多处描述种种精美的茶具，可谓是古今茶具文化的一次博览会。小说中几乎每一位富贵人家居室里都摆着一套精致的茶具。如贾母的花厅上，摆设洋漆茶盘里就放着旧窑十锦小茶杯。王夫人居住的正二室里，也是茗碗瓶茶俱备。女婢们用精致的茶盘托着茶盅为主人客人送茶，如宝玉的女仆袭人就用"连环洋漆茶盘"送茶水。

更值得称道的是妙玉栊翠庵里的茶具。仅贾母、宝玉、黛玉来到栊翠庵，妙玉就拿出 10 种不同的茶具招待客人。在《红楼梦》第 41 回里这样写道："只见妙玉亲自捧了一个海棠花式雕漆填金'云龙献寿'的小茶盘，里面放一个成窑五彩小盖钟，捧与贾母……贾母接了，又问：'是什么水？'妙玉道：'是旧年蠲的雨水。'……然后众人都是一色的官窑脱胎填白盖碗。"

接下来的这一段文字，描写妙玉喝茶更是讲究得不得了，让人印象深刻：

> 又见妙玉另拿出两只杯来。一个旁边有一耳，杯上镌着"㼨瓟斝"三个隶字，后有一行小真字，是"晋王恺珍玩"，又有"宋元丰五年四月眉山苏轼见于秘府"一行小字。妙玉便斟了一斝递与宝钗。那一只形似钵而小，也有三个垂珠篆字，镌着"点犀䀉"。妙玉斟了一䀉与黛玉。仍将前番自己常日吃茶的那只绿玉斗来斟与宝玉。宝玉笑道："常言'世法平等'，他两个就用那样古玩奇珍，我就是个俗器了。"妙玉道："这是俗器？不是我说狂话，只怕你家里未必找的出这么一个俗器来呢！"宝玉笑道："俗语说'随乡入乡'，到了你这里，自然把那金玉珠宝一概贬为俗器了。"

> 妙玉听如此说，十分欢喜，遂又寻出一只九曲十环一百二十节蟠虬整雕竹根的一个大盒出来，笑道："就剩了这一个，你可吃的了这一海？"宝玉喜的忙道："吃

的了。"妙玉笑道："你虽吃的了，也没这些茶你遭蹋。岂不闻'一杯为品，二杯即是解渴的蠢物，三杯便是饮牛饮驴了。'你吃这一海更成什么？"说的宝钗、黛玉、宝玉都笑了。妙玉执壶，只向海内斟了约有一杯，宝玉细细吃了，果觉清淳无比，赏赞不绝。妙玉正色道："你这遭吃的茶，是托他两个福。独你来了，我是不能给你吃的！"宝玉笑道："我深知道，我也不领你的情，只谢他二人便是了。"妙玉听了，方说："这话明白。"

黛玉因问："这也是旧年的雨水？"妙玉冷笑道："你这么个人，竟是大俗人，连水也尝不出来！这是五年前我在玄墓蟠香寺住着，收的梅花上的雪，统共得了那一鬼脸青的花瓮一瓮，总舍不得吃，埋在地下，今年夏天才开了。我只吃过一回，这是第二回了。你怎么尝不出来？隔年蠲的雨水，那有这样清淳。如何吃得？"

《金瓶梅》是一部反映明代后期社会百态的长篇小说，其中有关饮食生活部分，其繁复和细腻程度，足堪与《红楼梦》媲美。略有差别的是，《红楼梦》里的贾府是世代簪缨的诗礼之家，他们无论饮茶饮酒，豪华、讲究而且高雅，不失大家风范；而《金瓶梅》里亦官亦商的西门庆，尽管也穷极奢华，毕竟是市井俗物，难免有暴发户的俗气。

《金瓶梅》产生于明代，《红楼梦》产生于清代；时代不同，描写对象不同，所以饮食生活的内容也不一样。《金瓶梅》写喝茶的地方极多：有一人独品，二人对饮，还有许多人聚在一起的茶宴茶会。无论什么地方，客来必敬茶，形成风尚，可见茶在当时确实深深地切入千家万户的日常生活。西门庆家里饮茶，提到的茶名只有两个：一个是六安茶，另一个是"江南凤团雀舌芽茶"。第21回，吴月娘"教小玉拿着茶罐，亲自扫雪，烹江南凤团雀舌芽茶"。第23回，吴月娘吩咐宋惠莲："上房拣妆里有六安茶，顿（炖）一壶来俺每（们）吃。"《金瓶梅》里吃泡茶有一个特点，就是很少看到他们喝清茶，却要掺入干鲜果、花卉之类作为茶叶的配料，然后沏入滚水，吃的时候将这些配料一起吃掉，而且配料有20余种之多。

◎绿茶与散文

绿茶在我们的生活当中，既是一种必需品，也成了一种文化载体。到了近现代，依然有许多与绿茶相关的文学作品涌现，借茶写人事，抒发感慨，袒露人生。

每每看到这些文字，或风雅传神，或幽默有趣，总会会心一笑。

人每每于饭饱、酒醉、疲劳过甚或忧愁莫解的时候，一旦遇到一杯芬芳适口的香茗，把它端起来咕噜咕噜几口喝下去，其功用正如阿芙蓉膏之对于泪流气沮的黑籍朋友，能立刻的使其活跃鼓舞，精神焕发；又如深恶严冬困苦的人们，一道清朗明媚的春天，忽置身于清旷秀丽的境地，有谁能不陡觉那般轻快怡悦的舒服，真无言可喻！

——曙山《说茶》

摩洛哥人最爱喝的是中国的绿茶。他们认为中国的绿茶，是世界上各种茶叶中味道最好的。他们对于茶叶，很有鉴赏力，只要把茶叶放近鼻孔一嗅，或放进口中咀嚼一下，便立刻能辨好坏，判断是中国绿茶或是日本绿茶。

——钱歌川《外国人与茶》

虽然那个地方是繁华中枢，那个所在是洋楼大厦，吃茶的时候，又只见一片人海，万头攒动，且市声嘈杂。但与二三知己，上下古今，高谈阔论。闹中取静，以绚烂为平淡。一杯清茗，反觉得悠闲舒适。

——谢兴尧《吃茶颂》

▼绿茶茶席——粗犷之美

北平人喝茶所用茶叶，以香片毛尖为主，天津人讲究喝大方雨前，安徽人专喝祁门瓜片，江浙人离不开龙井水仙碧螺春，西南各省喝惯了普洱沱茶，再喝别的茶总觉得不够醇厚挡口。

——唐鲁孙《喝茶》

茶客的品性，当然各不如其面，至不一律，倘然以人为鉴，可以增进我们的道德。譬如吝啬的人，吃了几回茶，至少可以慷慨一些。迂执的人，吃了几回茶，至少可以旷达一些。

——范烟桥《茶坊哲学》

水乡人饮茶，又叫"叹茶"。那个"叹"字，是很有学问的。

"叹"茶的特点是慢饮。倘在早晨，茶客半倚栏杆欣赏着小河如何揭去雾纱露出俏美的真容，两岸的番石榴、木瓜、杨桃果实，或浓或淡的香气，渗进小河里，迷蒙、淡远的小河，便如倾翻了满河的香脂。

——杨羽仪《水乡茶居》

茶道的意思，用平凡的话来说，可以称作"忙里偷闲，苦中作乐"，在不完全的现世享乐一点美与和谐，在刹那间体会永久。

喝茶以绿茶为正宗。红茶已经没有什么意味，何况又加糖——与牛奶？

——周作人《喝茶》

总括起来说，赏玩一样东西时，最紧要的是心境。我们对每一种物事，各有一种不同的心境。不适当的同伴，常会败坏心境。所以生活艺术家的出发点就是：他如更想要享受人生，则第一个必要条件即是和性情相投的人交朋友，须尽力维持这友谊，如妻子要维持其丈夫的爱情一般，或如一个下棋名手宁愿跑一千里的长途去见一个棋友一般。

气氛是重要的东西。我们必须先对文士的书室的布置，和它的一般环境有了相当的认识，方能了解他怎样在享受生活。

一个人只有在这种神清气爽，心气平静，知己满前的境地中，方真能领略到茶的滋味。因为茶须静品，而酒则须热闹。茶之为物，其性能引导我们进入一个默想人生的世界。饮茶之时而有儿童在旁哭闹，或粗蠢妇人在旁大声说话，或自命通人者在旁高谈国是，即十分败兴，也正如在雨天或阴天去采茶一般的糟糕。

——林语堂《茶和交友》

我是地道的中国人，咖啡、蔻蔻、汽水、啤酒，皆非所喜，而独喜茶。有一杯好茶，我便能万物静观皆自得。烟酒虽然也是我的好友，但它们都是男性的——粗莽、热烈，有思想，可也有火气——未若茶之温柔，雅洁，轻轻的刺戟（激），淡淡的相依；茶是女性的。

我不知道戒了茶还怎样活着，和干吗活着。

——老舍《戒茶》

孩提时，屋里有一把大茶壶，坐在一个有棉衬垫的藤箱里，相当保温，要喝茶自己斟。我们用的是绿豆碗，这种碗大号的是饭碗，小号的是茶碗，呈绿豆色，粗糙耐用，当然和宋瓷不能比，和江西瓷不能比，和洋瓷也不能比，可是有一股朴实厚重的风貌，现在这种碗早已绝迹，我很怀念。

——梁实秋《喝茶》

如果咖啡店可以代表近代西方人生活的情调，那末，代表东方人的，不能不算到那具有中古气味的茶馆吧。的确，再没有比茶馆更能够充分地表现出东方人那种悠闲、舒适的精神了。在那古老的或稍有装潢的茶厅里，一壶绿茶，两三朋侣，身体歪斜着，谈的是海阔天空的甜，一任日影在外面慢慢地移过。此刻似乎只有闲裕才是他们的。有人曾说，东方人那种构一茅屋于山水深处幽居着的隐者心理，在西方人是未易了解的。我想这种悠逸的茶馆生涯，恐于他们也一样是茫然其所以的吧。

——钟敬文《茶》

伏尔泰的医生曾劝他戒咖啡，因为"咖啡含有毒素，只是那毒性发作得很慢"。伏尔泰笑说："对啊，所以我喝了七十年，还没毒死。"唐宣宗时，东都进一僧，年百三十岁，宣宗问服何药，对曰："臣少也贱，素不知药，惟嗜茶。"因赐名茶五十斤。看来茶的毒素，比咖啡的毒素发作得更慢些。爱喝茶的，不妨多多喝吧。

——杨绛《喝茶》

祖父生活俭省，喝茶却颇考究。他是喝龙井的，泡在一个深栗色的扁肚子宜兴砂壶里，用一个细瓷小杯倒出来喝。他喝茶喝得很酽，一次要放多半壶茶叶。喝得很慢，喝一口，还得回味一下。

——汪曾祺《寻常茶话》

每年清明、谷雨前后，总有朋友寄一点新茶来，这一袋或一小桶从复苏的枝条上采摘的新芽，在我看来，几近于灵魂的渗透、生命的游移。第一杯新茶的品饮，我会舍弃终日不离手的紫砂壶，将通透明亮的磨花玻璃杯纳入少许青茗，在炉灶旁看水在壶底张开鱼眼、吐出蟹沫，继而冲泡。于是乎水汽环绕氤氲，茗芽在水中舒展，那芽鲜嫩、肥硕，叶则微小，连缀在茶芽之旁，一芽一叶、一芽两叶，透出一团新意，而水，却在淡绿中带一点儿微黄，呈现在面前的，有如微缩的江南，所谓风在茶中、云在茶中、雨在茶中了。

——韩作荣《嗜茶者说》

◎绿茶与电影

一部电影《绿茶》。女硕士吴芳相亲，总要点一杯绿茶。高高的透明玻璃杯，绿茶在她鼻子前一闻，就被倒进白开水了，一直地往下沉。她每次结束相亲，镜头总要停留在那一杯鲜嫩活现的绿茶里，朵朵绿芽仿佛精灵一样，在水里旋转……

据说电影里面的绿茶，是苦丁茶，叫青山绿水，导演说，这种绿茶的绿色最漂亮。

电影讲述了一个很简单的故事。吴芳不停地相亲，

▲东道汝窑坐禅盖碗半组

认识了陈明亮。然后，陈明亮便陷入于一个诡异的手套故事和两个奇怪的女人中——在吴芳和朗朗之间，难以抽离。最终发现，这两个女人实为同一个人，是一个性格分裂的女人。实质《绿茶》这部电影，和绿茶没有太密切的关系，是讲述一个爱情故事，或是讲述人性的故事，到底都是讲述生活的故事。影片的女主人公吴芳爱喝绿茶，她说：一杯茶，能看出人一生的命运。就是这样一个神秘的开始，影片便在绿茶幽幽的色调中静静地展显。

人，一生的命运，确实像是一杯绿茶吧？像是一杯简单质朴的绿茶，却有着最漂亮的颜色。入口时满是苦涩，再尝却又回甘，让人欲罢不能。绿茶的天然、醇厚、朴素，都是我们看重的品质，也时常成为我们的追求。古人饮茶讲求好水才可以配好茶，绿茶平静而短暂的一生，便在水里得到升华。

注水、翻滚、浮沉，最终复归平静。

我们每个人就像是水里的一片绿色叶儿。而人生，便是那透明的水……

后记　用心设计绿功夫

灵山惟岳，奇产所钟。

厥生荈草，弥谷被岗。

承丰壤之滋润，受甘霖之霄降。

月惟初秋，农功少休，

结偶同旅，是采是求。

水则岷方之注，挹彼清流；

器择陶简，出自东隅；

酌之以匏，取式公刘。

惟兹初成，沫成华浮；

焕如积雪，晔若春敷。

——晋·杜育《荈赋》

▲苹果茶海

这首《荈赋》，是现在我们能看到的最早专门歌吟茶事的诗赋，是我国古代早期茶文化的文学基础。"酌之以匏，取式公刘"，引自《诗经·大雅·公刘》章节，说的是杜育事茶的艺术，如先贤公刘那样，用葫芦剖开作为饮具。杜育被后世人誉为"美丰姿"，《荈赋》也被认为是中国茶道文化萌芽的标志。

我们的生活中处处充满着设计。

前人公刘、杜育"酌之以匏"，其实就是一种设计。杜育事茶注入风雅文化，他赋予了饮茶活动以审美的艺术，并且以此涵育人的修养。使饮茶、茶事活动风雅起来，这也是一种设计。

这种有目的的创造性行为，在当今的社会里变得越来越重要。设计的意义何在？很简单，就是为了使生活更美好。"美好"一词，涵盖许多方面。

可以是外观上之于审美情趣的美观性，也就是好看；

可以是内在的之于功能范畴的实用性，也就是好用；

可以是创造新奇而有趣环节的趣味性，也就是好玩；

可以是探讨人与器物之间关系的和谐性，也就是舒适；

可以是延伸和赋予某一种内涵的文化性，也就是品位；

可以是触及和体现某一个特征的艺术性，也就是个性；

……

设计，使生活更加美好。

一个"更"便可以改善生活，同时，也在改变固有的方式。从这个角度看，设计就是一种生活方式的提升或创新。我们的研发团队，正致力于这件事情：用心设计绿功夫。用我们的创意理念，转化为实实在在的产品，带给泡茶者、品茶者全新的使用和品饮感受，从而提

▲牡丹釉里红茶壶组

升或革新一种新的绿茶生活方式。

在我们的用心设计下，这些绿功夫的产品，将在审美情趣上更好看，或在功能方面更好用，或在趣味性方面更好玩，或人际方面更舒适，或文化内涵方面更有品位，或艺术表现方面更有个性，或更多、更多……

在意大利，如果谈到设计，人们首先想到的就是设计文化这个有些模糊但是并不虚幻的概念。设计文化这个短语包含了设计规则、现象、知识、分析手段以及在设计具体作品时必须考虑的超越基本功能的更多的因素。在茶行业当中，因茶所具有的深厚文化底蕴和历史内涵，使茶之相关的各项设计与文化紧密相连。文化归根结底，就是人们的生活状态、习惯，形成的一种对生活的态度，对人生的态度。饮茶方式、生活方式，就是一种文化。

绿功夫，如同一个新生的婴孩，经历十月怀胎，终于呱呱坠地了。

绿功夫的概念，涵盖了对绿茶拥有专业知识的功夫，懂得创新设计绿茶专用茶器的功夫，有好的技艺和方法呈现绿茶最好一面的冲泡功夫，还有让绿茶生活健康、快乐的创意功夫。

当这本《绿茶功夫》——创意绿茶生活诞生的时候，蹒跚学步的绿功夫已然经历了艰难的爬行时期，并跨出了人生的第一步！

接下来，就像许多望子成龙的父母一样，我们用心设计绿功夫，希望将其塑造为对社会有用之材。希望借由绿功夫，使人们的绿茶生活充满创意与趣味，享受健康、快乐的人生！

袁鹰在散文《清风小引》中说："人生的妙谛，人类的至情，文化的菁华，艺术的真善美，往往孕育于日常生活的起居、行止、交往、饮食之中。"

我想说：对于美，对于艺术、文化、历史，和生活的热爱，都从一杯绿茶开始，从绿茶功夫开始。

绿茶茶席——自然之美

我们的使命：

Our mission:

优质茶生活的创想家！

To be the creator of a high-quality life with tea!

项目统筹：邹亮
项目执行：景迪云
责任编辑：王珍
装帧设计：易象设计
责任校对：朱晓波
责任出版：朱圣学
图片提供：广州市恒福茶业有限公司
　　　　　中国茶叶博物馆
　　　　　马荣壮　胡展等

图书在版编目 (CIP) 数据

绿茶功夫 / 徐结根，王建荣主编；冯艳芬，朱慧颖
编著 .-- 杭州：浙江摄影出版社，2010.9
　ISBN 978-7-80686-899-7

　Ⅰ . ①绿… Ⅱ . ①徐…②王…③冯…④朱… Ⅲ . ①
绿茶—基本知识 Ⅳ . ① TS272.5

中国版本图书馆 CIP 数据核字（2010）第 180825 号

绿茶功夫

主编：徐结根　王建荣
编著：冯艳芬　朱慧颖

浙江摄影出版社 全国百佳图书出版单位 出版发行
　　　　　　　　 国家一级资质出版企业
地址：杭州市体育场路 347 号　邮编：310006
网址：www.photo.zjcb.com
制版：浙江新华图文制作有限公司
印刷：浙江新华彩色印刷有限公司
开本：787×1092　1/16
印张：9
字数：60 千　115 幅图片
印数：0001-3000
2010 年 9 月第 1 版
2010 年 9 月第 1 次印刷
ISBN　978-7-80686-899-7
定价：68.00 元